LE PETIT LABO

* de l'énergie *

Emily Hawbaker

LE PETIT LABO

* de l'énergie *

40 EXPÉRIENCES AMUSANTES

POUR COMPRENDRE

ET MANIPULER

L'ÉNERGIE

VIGOT

Photographies : Amber Procaccini Photography / www.aprocciniphoto.com

Mise en scène photographique : Liz Lee Heinecke / www.kitchenpantryscientist.com

Conception de la maquette : Samantha J. Bednarek

Traduit de l'anglais par Laurent Laget

Adaptation de la couverture et réalisation de la version française : Facompo

ISBN : 978-2-7114-2506-8

Dépôt légal : février 2018

Imprimé en Chine

FSC www.fsc.org
MIXTE
Papier issu de sources responsables
FSC® C016973

À TOUS LES ÉLÈVES QUI M'INSPIRENT AU QUOTIDIEN.

SOMMAIRE

UNITÉ 05

ÉCONOMISONS L'ÉNERGIE

AVANT-PROPOS

PAR LIZ HEINECKE

RÉCEMMENT, J'AI DEMANDÉ À DES ENFANTS pourquoi, selon eux, il était important de comprendre ce qu'était l'énergie. Voici ce qu'ils m'ont répondu.
James : « Pour apprendre à faire tourner le monde sans épuiser nos ressources naturelles. »
Oliver : « Pour comprendre notre impact sur la planète. »
Lily : « Pour comprendre que la voiture, c'est mauvais pour l'environnement et que faire du vélo, c'est mieux. »
Sarah : « Parce que l'énergie est dans plein de choses. »
J'ai moi-même appris une chose ou deux sur la science de l'énergie quand j'ai rejoint la photographe Amber Procaccini et une bande d'enfants aussi joyeux qu'intelligents pour procéder aux expériences présentées dans ce livre.
Certains de ces ateliers donnent des résultats immédiats et spectaculaires qui épateront la galerie. Les enfants découvriront à quel point il est facile de créer un électro-aimant en utilisant du fil électrique, une pile de 9 volts, un clou et quelques trombones. Faire briller des bâtons lumineux encore plus fort en les plongeant simplement dans de l'eau chaude est une manière amusante de démontrer comment l'énergie thermique peut accélérer les réactions chimiques. Enfin, brûler des chips à l'aide d'un calorimètre maison permet de mesurer l'énergie des aliments de manière intéressante (et odorante !).
J'ai été impressionnée de voir que de nombreuses expériences illustrent les questions d'économie de l'énergie et des ressources naturelles. Par exemple, le Concours d'extraction de pépites (voir page 54) démontre la difficulté de rendre à un objet son état initial après l'avoir détruit. Cela s'applique aux filons de chocolat comme au cuivre.
Dans la science, le processus est aussi important que le résultat. C'est pourquoi il est essentiel de faire comprendre aux enfants que les erreurs, l'innovation et la ténacité sont des éléments indispensables pour développer une pensée critique. Nous avons eu besoin de plusieurs tentatives pour allumer une ampoule avec du papier d'aluminium et une pile, mais les yeux des enfants se sont d'autant plus illuminés quand nous avons réussi. De même, si notre générateur magnétique n'a pas fonctionné au premier essai, chercher la cause de cet échec et trouver une solution a permis aux enfants de mieux comprendre le raisonnement scientifique de cette expérience.
À la fin de nos expériences, j'ai aussi demandé à l'auteur de ce livre, Emily Hawbaker, pourquoi il lui semblait nécessaire que nous connaissions mieux la science de l'énergie. Elle m'a répondu que « presque tout ce que nous faisons exige de l'énergie. Chaque année, nous en utilisons de plus en plus dans le monde pour alimenter les nouvelles technologies, mais la majeure partie de cette énergie provient de sources non renouvelables et limitées. Comprendre comment nous utilisons l'énergie et comment le faire de manière plus responsable est indispensable pour veiller à ce que les prochaines générations disposent des ressources nécessaires pour satisfaire leurs besoins. »
Bien entendu, sa réponse est plus développée que celle des enfants, mais elle est finalement assez similaire. J'ai hâte de voir le monde de demain, de voir les jeunes d'aujourd'hui inventer le futur et de nouvelles façons d'utiliser l'énergie de manière plus efficace et moins destructrice. De les voir créer un monde meilleur pour nous tous.

Liz Heinecke est l'auteur du Labo du petit scientifique, *paru aux éditions Vigot. Biologiste moléculaire de formation, elle partage son amour de la science avec ses trois enfants. Elle est ambassadrice de la Terre pour la NASA et s'attelle à rendre la science plus simple pour que les enfants de tous âges puissent effectuer des expériences en toute sécurité avec leurs parents.*

INTRODUCTION

L'ÉNERGIE EST PARTOUT AUTOUR DE NOUS. Tu en entends parler à la télé, tu t'en sers tous les jours et, parfois, les grands disent que tu débordes d'énergie. Mais l'énergie, c'est *quoi* ? Quand tu branches un appareil dans le mur, t'es-tu déjà demandé d'où venait l'électricité ? Ce n'est pas la magie qui te permet d'allumer la lumière en appuyant sur un interrupteur ou de faire rouler les voitures simplement en mettant de l'essence dans le réservoir : ce sont l'énergie et la science.

Ce livre s'adresse à tout le monde. Les expériences que tu découvriras ici te permettront d'explorer presque tous les aspects de l'énergie : ce que c'est, comment la trouver, comment l'utiliser et, surtout, comment l'économiser.

La plupart de ces travaux pratiques font appel à des connaissances scientifiques que tu possèdes sans doute déjà : faire des prévisions, des observations, prendre des mesures et tirer des conclusions. Et si ces expériences s'adressent avant tout aux enfants, elles sont tout aussi amusantes pour les parents !

DE QUOI AS-TU BESOIN ?

Pratiquement toutes les fournitures dont tu as besoin dans ce livre se trouvent facilement chez toi ou dans n'importe quel magasin. Si tu possèdes du matériel légèrement différent que celui qui est indiqué, utilise-le quand même, il se pourrait que ça fonctionne ! De même, n'hésite pas à tester de nouvelles choses, c'est à ça que servent les expériences.

La plupart des ateliers peuvent être réalisés chez toi, sur une surface plane, de préférence près d'une cuisine afin de pouvoir tout nettoyer facilement. Dégage un espace suffisant sur un plan de travail ou une table. Tu peux aussi protéger ton laboratoire avec une nappe ou du papier journal. Certaines expériences sont un peu salissantes, il est donc préférable de les réaliser à l'extérieur. Dans ce cas, nous te préviendrons au début de l'activité.

LA SÉCURITÉ AVANT TOUT

Toutes les expériences peuvent être réalisées en toute sécurité chez toi en utilisant du matériel simple. Toutefois, si tu possèdes des lunettes de protection, autant les utiliser ! Lorsque tu exécutes une expérience, pense à bien respecter tous les avertissements et les consignes de sécurité.

SEUL OU À PLUSIEURS

Au début de chaque activité, nous t'indiquons le temps nécessaire pour mener l'expérience à bien. La majorité peut être réalisée en moins d'une heure, mais certaines nécessitent un suivi pendant plusieurs heures ou plusieurs jours.

Certaines activités sont simples et peuvent être effectuées par une seule personne du début à la fin. D'autres sont plus complexes et nécessitent une autre paire de mains. L'indication « Fastoche ! » signifie que l'expérience est simple à préparer et à nettoyer, et que tu peux donc la faire seul. S'il est écrit « À deux, c'est mieux ! », tu auras besoin de la supervision ou de l'aide d'un adulte. Enfin, « Appel général ! » désigne une expérience délicate qui réclame l'aide de plusieurs amis ou membres de ta famille.

Fais le plein d'énergie et amuse-toi bien !

Emily Hawbaker

Cherche ce symbole au début de chaque activité pour connaître la durée et la difficulté d'une activité, ainsi que les consignes de sécurité.

5
4
3

UNITÉ 01 LES FONDAMENTAUX

QU'EST-CE QUE L'ÉNERGIE ? Tu as sans doute déjà entendu dire d'une personne qu'elle était « pleine d'énergie » ? Ou peut-être as-tu lu un article sur les « énergies propres » ? L'énergie est partout autour de nous : elle est dans tout ce que nous faisons et dans tout ce que nous voyons. On peut la définir comme la capacité à réaliser un travail ou un changement. Elle aide les gens à bouger et les plantes à pousser. Elle alimente les machines et la technologie. Nous pouvons observer l'énergie autour de nous sous forme de chaleur, de lumière, de sons et de mouvements.

Les expériences de ce chapitre t'aideront à voir que l'énergie est toujours présente. À la fin de cette section, tu sauras tout ce que l'énergie est capable de faire. Tu vas explorer comment la chaleur se déplace dans des solides, des liquides et des gaz, tu vas observer la lumière et comment elle se déplace. Tu expérimenteras le mouvement d'objets en fonction de l'énergie et des frottements. Tu enverras du son à travers différents matériaux. Ce sont à chaque fois des exemples de travail ou de changement.
Et maintenant, au travail !

En pleine observation des courants de convection dans le labo 1. →

LABO 01

LES COURANTS DE CONVECTION

DURÉE :
15 minutes

UN COUP DE MAIN ?
Fastoche !

ATTENTION, BAZAR !
Sois vigilant avec les colorants alimentaires, qui peuvent tacher les tissus, les meubles et la peau. Par précaution, utilise une nappe en plastique ou du papier journal pour protéger ton plan de travail.

LA SÉCURITÉ AVANT TOUT :
Fais bien attention en manipulant de l'eau chaude. L'eau nécessaire pour cette activité doit être presque en ébullition, à environ 85-95 °C. Utilise un thermomètre de cuisine pour vérifier la température.

Pourquoi l'eau semble-t-elle toujours plus froide au fond de la piscine ? Pourquoi le lait froid coule-t-il au fond d'une tasse de café chaud ? Cette activité analyse comment la chaleur, autrement dit l'énergie thermique, se déplace dans un fluide.

MATÉRIEL

- → **2 gobelets en plastique transparent pour chaque couleur**
- → **Eau froide**
- → **Colorants alimentaires**
- → **4 ou 5 billes**
- → **Eau chaude**
- → **Thermomètre de cuisine ou de laboratoire**

1. Remplis un gobelet avec de l'eau froide.

2. Attends que l'eau soit parfaitement immobile.

3. Ajoute quelques gouttes de colorant alimentaire (fig. 1). Comment le colorant réagit-il ? Prends une photo ou dessine ce que tu vois.

4. Vide le gobelet.

Fig. 1 : Ajoute quelques gouttes de colorant alimentaire.

5. Dépose les billes au fond du second gobelet.

6. Verse juste assez d'eau chaude pour recouvrir les billes (fig. 2).

7. Place le gobelet vide dans le second (fig. 3) et remplis-le à nouveau d'eau froide.

8. Ajoute quelques gouttes de colorant dans l'eau froide (fig. 4). Comment réagit le colorant cette fois ? Prends quelques photos, fais une vidéo ou dessine ce que tu observes dans les minutes qui viennent (fig. 5).

Fig. 2 : Recouvre les billes d'eau chaude.

Fig. 3 : Place le gobelet vide dans le second gobelet.

Fig. 4 : Ajoute quelques gouttes de colorant dans l'eau froide.

Fig. 5 : Prends des photos de ce que tu vois.

Bascule de chaleur

La nature est constamment en quête d'équilibre. C'est aussi le cas de la chaleur. Celle-ci se déplace des températures élevées vers des températures plus basses. Que se passe-t-il quand tu verses de l'eau chaude dans une baignoire d'eau froide ? Les molécules d'eau chaude se déplacent rapidement et sont chargées en énergie. Elles entrent en collision avec les molécules plus froides et leur transmettent une partie de leur énergie. Les molécules d'eau chaude ralentissent, tandis que celles d'eau froide commencent à accélérer. Par conséquent, l'eau froide se réchauffe et l'eau chaude se refroidit. Ce processus se poursuit jusqu'à ce que la température de l'eau soit uniforme et que toutes les molécules se déplacent à la même vitesse. Comme si les molécules d'eau chaude et d'eau froide étaient sur une balançoire à bascule ! Cette bascule s'observe dans tous les milieux, que ce soit dans les solides, les liquides et les gaz !

L'EXPLICATION

Tu viens d'observer la chaleur. Mais de quoi s'agit-il ? La chaleur est le déplacement d'une molécule dans un milieu. Le milieu en lui-même ne bouge pas, mais les molécules qui s'y trouvent sont en mouvement constant. C'est ce que l'on appelle l'énergie thermique, ou chaleur. La chaleur se déplace toujours des zones chaudes (contenant beaucoup d'énergie) vers les zones plus froides (contenant moins d'énergie), jusqu'à ce que la température soit homogène.
Les liquides, tel l'eau, ainsi que les gaz, tel l'air, sont considérés comme des fluides. Dans un fluide, les déplacements de chaleur sont appelés convection. Ici, tu as créé un courant de convection dans ton gobelet : lorsqu'un fluide est chauffé, les parties les plus chaudes deviennent moins denses et flottent à la surface. Les fluides froids sont au contraire plus denses et coulent. Ce cycle se poursuit jusqu'à ce que la température devienne la même partout. Dans un gobelet, cela ne prend que quelques minutes, mais dans des espaces plus vastes ou dans la nature, c'est beaucoup plus long.

LABO 02

COMME À LA PLAGE

DURÉE :
30 minutes ou plus

UN COUP DE MAIN ?
Fastoche !

LA SÉCURITÉ AVANT TOUT :
Sois prudent avec les ampoules, elles peuvent chauffer fortement lorsqu'elles sont allumées.

Quand la température grimpe à la plage, le sable est tellement chaud que tu dois courir entre ta serviette et la mer ! Mais pourquoi le sable est-il plus chaud que l'eau ? Et pourquoi, lorsque la nuit tombe, devient-il si froid ? Cette activité étudie comment la chaleur, c'est-à-dire l'énergie thermique, voyage et est absorbée. Les matières absorbent-elles et retiennent-elles la chaleur différemment ?

Fig. 3 : Place un thermomètre dans chaque gobelet.

Fig. 1 et 2 : Remplis un gobelet avec de l'eau et l'autre avec du sable.

MATÉRIEL

- → **2 gobelets en plastique transparent**
- → **2 thermomètres de cuisine ou de laboratoire**
- → **Sable à température ambiante**
- → **Eau à température ambiante**
- → **Minuteur**
- → **Lampe à ampoule chauffante ou à incandescence classique**

1. Remplis un gobelet avec de l'eau (fig. 1).

2. Remplis le second gobelet avec du sable, au même niveau que l'eau (fig. 2).

3. Place un thermomètre dans chaque gobelet (fig. 3). Lis la température des deux gobelets. Dessine un tableau comme celui de la page 19 pour noter les résultats.

4. Place tes deux gobelets à environ 10 cm de la lampe (fig. 4). Veille à ce qu'ils reçoivent tous les deux la même quantité de lumière.

L'EXPLICATION

La majeure partie de l'énergie sur Terre provient du Soleil sous forme de rayons ou d'ondes : c'est l'énergie rayonnante. Lorsque celle-ci irradie la Terre, ses molécules heurtent l'océan, le sol, l'air et notre corps. Une partie de cette énergie se transforme en chaleur. Ici, tu as recréé une version miniature de ce processus à l'aide de ta lampe. La chaleur (l'énergie thermique) de la lampe a irradié les gobelets. Le sable s'est réchauffé plus vite que l'eau. Mais lorsque tu as éteint la lampe, l'eau est probablement restée chaude plus longtemps que le sable. Il se passe exactement la même chose sur la plage. Certains matériaux sont capables d'absorber et de libérer la chaleur plus vite que d'autres : ils ont une capacité thermique supérieure. Comme le sable.

Une bonne brise !

Le vent est un déplacement d'énergie, mais d'où vient-il ? Comme tu l'as appris dans cette expérience, lorsque le soleil brille, le sol se réchauffe plus vite que l'eau : il absorbe l'énergie du soleil et la transforme rapidement en chaleur. Cela implique que l'air qui se trouve juste au-dessus de la terre devient aussi plus chaud que l'air au-dessus de l'eau. L'air chaud s'élève et se déplace vers l'océan, où il refroidit et retombe vers l'eau. À ce moment, l'air frais au-dessus de l'eau est chassé vers la terre. Cet air frais en provenance du large s'appelle la brise de mer. Toutefois, l'échange s'inverse pendant la nuit. Pourquoi ? Souviens-toi de ce que tu as vu pendant l'expérience. La nuit, le sol se refroidit plus vite que l'eau, qui retient la chaleur plus longtemps. Par conséquent, l'air au-dessus de l'eau reste chaud lui aussi, s'élève et se déplace vers la terre où il retombe. Quant à l'air frais de la plage, il est poussé vers la mer. On parle cette fois de brise de terre. C'est cet échange qui crée le vent !

Fig. 4 : Place tes deux gobelets à environ 10 cm de la lampe.

Fig. 5 : Note la température toutes les minutes pendant dix minutes.

5. Règle un minuteur sur 60 secondes et note la température de chaque gobelet. Recommence toutes les minutes pendant dix minutes. L'un des deux gobelets est-il plus chaud ? Pourquoi ?

6. Éteins la lampe et note une fois encore la température toutes les minutes pendant dix minutes (fig. 5). Quel gobelet refroidit le plus vite ?

Essaye ça !

Nous venons de voir que la capacité thermique varie selon les substances. La couleur ou la texture ont-elles aussi une influence ? Recommence l'expérience en remplissant les gobelets avec du sable et de l'eau de différentes couleurs. Tu peux aussi essayer avec d'autres matériaux, comme des cailloux ou même un gobelet vide (enfin, rempli d'air !).

LE SAVAIS-TU ?

À la plage, tu es moins embêté par les insectes pendant la journée que le soir. Pourquoi ? En raison de la direction de la brise ! Il y a moins d'insectes au-dessus de l'océan, donc lorsque la brise de mer souffle, elle nous débarrasse de petites bêtes !

OBSERVATIONS

TEMPS	LAMPE ALLUMÉE		LAMPE ÉTEINTE	
	Sable	Eau	Sable	Eau
Début				
1 min				
2 min				
3 min				
4 min				
5 min				
6 min				
7 min				
8 min				
9 min				
10 min				

LABO 03

UN SACRÉ GAZ !

UN COUP DE MAIN ?
À deux, c'est mieux ! C'est plus pratique d'avoir quelqu'un pour t'aider à nouer le ballon et à le tenir pendant que tu fais les mesures.

LA SÉCURITÉ AVANT TOUT :
Fais bien attention en manipulant de l'eau chaude. L'eau nécessaire pour cette activité doit être presque en ébullition, à environ 85-95 °C. Utilise une pince ou des maniques pour déposer le ballon dans l'eau chaude.

Nous savons désormais que la chaleur se déplace dans les solides et les liquides. Mais que se passe-t-il quand elle voyage dans des gaz comme l'air, l'oxygène ou l'hélium ? Ici, nous allons piéger l'air de nos poumons dans un ballon et voir ce qu'il se produit lorsqu'il est chauffé ou qu'il refroidit.

MATÉRIEL

- → **1 ou 2 ballons de baudruche**
- → **Saladier d'eau froide**
- → **Saladier d'eau chaude**
- → **Mètre ruban**
- → **Maniques ou pince**
- → **Thermomètre de cuisine ou de laboratoire**

1. Gonfle le ballon à la taille d'une balle de tennis et fais un nœud bien serré (fig. 1).

2. Laisse le ballon reposer quelques minutes pour que l'air à l'intérieur soit à la même température que l'air de la pièce.

3. Mesure la circonférence (tour d'un objet circulaire) du ballon à son point le plus large (fig. 2).

Fig. 4 : Maintiens prudemment le ballon dans l'eau chaude pendant une minute.

4. Contrôle la température de la pièce à l'aide du thermomètre. Souviens-toi de la taille du ballon à cette température ou prends une photo.

5. Remplis un saladier d'eau froide. Immerge le ballon pendant une minute (fig. 3). Au bout d'une minute, mesure à nouveau la circonférence du ballon et la température de l'eau. Remarques-tu un changement ?

6. Remplis un autre saladier d'eau chaude. À l'aide d'une pince ou de maniques, maintiens prudemment le ballon au fond pendant une minute (fig. 4). Mesure alors la circonférence du ballon et la température de l'eau. Observes-tu quelque chose de différent ?

Fig. 1 : Gonfle le ballon à la taille d'une balle de tennis.

Fig. 2 : Mesure la circonférence du ballon.

Fig. 3 : Immerge le ballon dans l'eau froide pendant une minute.

Attention aux fissures !

T'es-tu déjà demandé pourquoi le trottoir était craquelé par endroits ? Tous les matériaux se dilatent lorsqu'ils sont chauds et se contractent lorsqu'ils sont froids. Lorsque le bitume du trottoir ou de la route chauffe et se refroidit au fil des saisons, il arrive parfois qu'il se fissure. Certains tronçons sont construits avec des joints de dilatation, qui leur permettent de bouger sans craquer.

Essaye ça !

Recommence l'expérience, mais en utilisant cette fois une balance de précision pour mesurer la masse du ballon au début de l'activité et après l'avoir plongé dans l'eau froide, puis dans l'eau chaude. Lorsqu'il change de taille, sa masse évolue-t-elle ? La masse indique la quantité de matière. Peux-tu en déduire que la quantité de matière dans le ballon a changé ?

Utilise une balance pour mesurer la masse du ballon.

L'EXPLICATION

Lorsqu'une énergie thermique (de la chaleur) est appliquée sur un corps, les molécules de celui-ci accélèrent et se repoussent entre elles. Ainsi, l'espace entre deux molécules s'agrandit. Quand tu as mis le ballon dans l'eau chaude, tu as remarqué qu'il avait grossi. Les molécules d'air que tu as soufflé sont restées de la même taille, mais elles se sont déplacées plus vite et se sont espacées. Le ballon s'est donc dilaté. C'est l'inverse qui s'est produit quand tu as placé le ballon dans l'eau froide : l'eau a absorbé une partie de l'énergie thermique, les molécules du ballon ont donc ralenti et se sont rapprochées, et ton ballon s'est rétracté !

Toutes les substances se dilatent quand elles sont chauffées, qu'il s'agisse de solides, de liquides ou de gaz ! Certaines se dilatent juste un peu, d'autres beaucoup plus.

LABO 04

LE MAÎTRE DES OMBRES

Fig. 2 : Place la lampe à 30 cm de la feuille.

DURÉE :
15-20 minutes

UN COUP DE MAIN ?
Fastoche !

Nous utilisons de l'énergie tous les jours. La lumière que tu peux voir est appelée lumière visible. Elle se déplace sous forme d'ondes en ligne droite, mais ne peut traverser tous les objets. Cette expérience étudie comment les ombres se forment lorsqu'un objet bloque les ondes lumineuses.

MATÉRIEL

- **Feuille de papier A3 (29,7 x 42 cm)**
- **Ruban adhésif**
- **Table ou surface plane près d'un mur**
- **Lampe de poche (avec une seule ampoule, de préférence pas de LED)**
- **Un petit objet, comme une bobine en bois ou un flacon de vernis à ongles**
- **Règle**
- **Cahier et crayon**

1. Scotche la feuille à la verticale sur le mur près de la table (fig. 1). Le bas du papier doit être au même niveau que la table.

2. Place la lampe sur la table à 30 cm de la feuille (fig. 2). Oriente-la de manière à ce qu'elle éclaire la feuille.

3. Mesure la taille de l'objet (fig. 3) et note-la pour t'en souvenir plus tard. Si besoin, reproduis le tableau de la page 25.

4. Maintenant, place l'objet entre la lampe et la feuille, à environ 5 cm du mur.

5. Mesure la taille de l'ombre. Regarde si les contours de l'ombre sont flous ou bien définis. De quelle taille est l'ombre par rapport à l'objet ? Note tes observations sur le tableau.

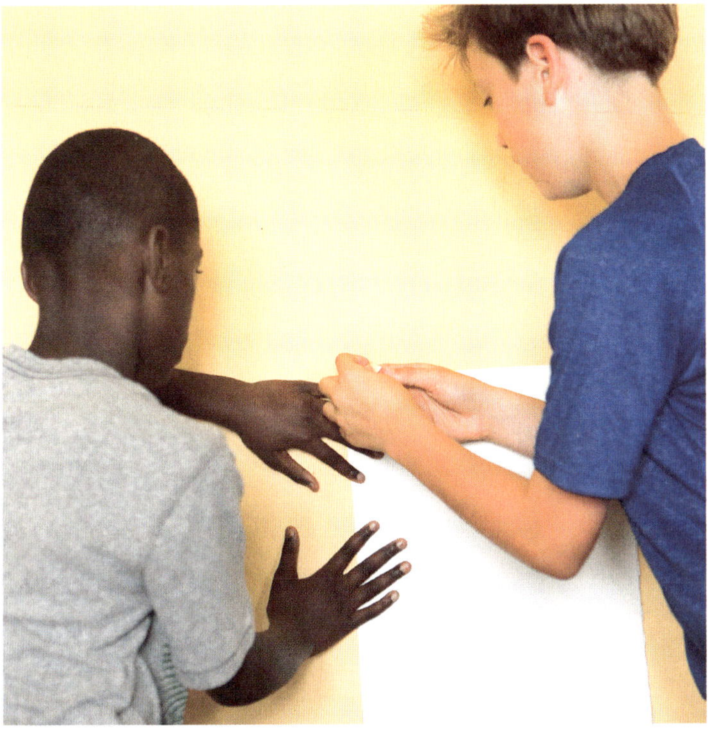

Fig. 1 : Scotche la feuille à la verticale sur le mur près de la table.

Cadran solaire

Les Égyptiens de l'Antiquité savaient tout sur les ombres et le déplacement de la lumière. Ils avaient aussi remarqué que le soleil suivait chaque jour la même trajectoire dans le ciel. Ils ont constaté qu'en fonction de l'emplacement du soleil, les ombres n'étaient pas les mêmes. Ils ont donc utilisé leurs observations pour créer un outil permettant d'indiquer l'heure, c'est ce que l'on appelle un cadran solaire. Pour cela, ils ont simplement planté un bâton dans le sol : en fonction de la longueur de l'ombre et de sa position, ils pouvaient dire l'heure.

L'EXPLICATION

L'énergie lumineuse se déplace par vagues, appelées énergie rayonnante. Nous ne pouvons pas voir ces ondes ; ce que nous appelons lumière « visible » est en fait le reflet de la lumière sur une surface.
De plus, notre œil n'est pas capable de voir toutes les énergies rayonnantes : les ondes radio, les rayons X ou encore les signaux téléphoniques sont aussi des énergies rayonnantes, mais nous avons besoin d'appareils spécifiques pour les détecter.
Nos yeux sont des instruments particuliers : nous ne voyons les objets que parce qu'ils reflètent de la lumière vers notre rétine.
Les ondes lumineuses voyagent en ligne droite et ne changent pas de direction à moins d'être reflétées ou réfractées (tordues). Lorsque la lumière touche le flacon de vernis à ongles, par exemple, elle ne peut pas passer au travers ni le contourner. Le flacon empêche la lumière d'éclairer le mur et crée donc une zone d'obscurité : c'est cette zone que nous appelons « ombre ».
En rapprochant un objet d'une source lumineuse, son ombre apparaît plus grande, car l'objet bloque plus de lumière. Au contraire, si tu éloignes cet objet, son ombre sera plus petite.

Fig. 4 : Comment l'ombre change-t-elle en déplaçant l'objet ?

Fig. 3 : Mesure la taille du petit objet.

6. Éloigne à présent l'objet à 10 cm de la feuille. Son ombre a-t-elle changé ?

7. Continue à rapprocher l'objet de la lampe, en le plaçant à 15, 20 puis 25 cm du mur. Que remarques-tu à propos de son ombre (fig. 4) ?

Essaye ça !

Oriente la lampe selon un angle différent. L'ombre de l'objet change-t-elle ? Il fait beau et tu as un peu de temps devant toi ? Alors, va dehors et demande à un ami de prendre une photo de ton ombre. Marque l'endroit où tu étais, puis reviens toutes les heures pour recommencer le processus. Recommence quelques mois plus tard, si possible aux mêmes heures. Que remarques-tu ?

OBSERVATIONS

DISTANCE ENTRE LA LAMPE ET LE MUR	DISTANCE ENTRE L'OBJET ET LE MUR	TAILLE DE L'OMBRE	NETTETÉ DE L'OMBRE
30 cm	5 cm		
30 cm	10 cm		
30 cm	15 cm		
30 cm	20 cm		
30 cm	25 cm		

LABO 05

LA FOLIE DES MIROIRS

DURÉE :
30 minutes

UN COUP DE MAIN ?
Si tu possèdes neuf peluches, tu peux faire cette activité seul ou avec l'aide d'un ami. Sinon, trouve-toi neuf amis ou membres de ta famille, parce que c'est « Appel général » !

LA SÉCURITÉ AVANT TOUT :
Cette expérience nécessite un grand miroir. Demande de l'aide à un adulte pour le déplacer et l'orienter correctement. Les miroirs peuvent être très lourds et fragiles. Fais bien attention quand tu les manipules, surtout si tu es superstitieux !

Quand la lumière touche un objet, elle peut soit passer au travers, soit être absorbée, soit être reflétée. Cette activité analyse comment la lumière peut rebondir sur un objet en ligne droite. Tu vas t'amuser avec tous les miroirs de la maison !

Fig. 5 : Les peluches doivent être bien alignées.

MATÉRIEL

- → **Grand miroir**
- → **Mètre**
- → **9 peluches (ou amis)**
- → **Étiquettes autocollantes**
- → **Crayons de couleur**
- → **Papier**
- → **Rapporteur**

1. Place le miroir à la verticale contre un mur. Accroche-le ou pose-le sur une pile de livres pour qu'il soit à environ 20 cm du sol (fig. 1).

2. Prépare des étiquettes pour tes neuf peluches (ou amis), numérotées de 1 à 9 (fig. 2).

3. Place la peluche 5 face au miroir, à environ 1,5 m de distance (fig. 3).

4. Place ensuite les peluches 1 à 4 à gauche de la peluche 5 en les espaçant de 40 cm les unes des autres. Fais la même chose pour les peluches 6 à 9 à droite. Les peluches doivent être bien alignées, toujours à 1,5 m du mur où se trouve le miroir.

5. Dessine un schéma du miroir et des peluches.

6. Mets-toi juste derrière la peluche 1. Agenouille-toi pour être à sa hauteur et regarde le miroir (fig. 6). Quels jouets vois-tu ? Sur ton schéma, trace un trait de couleur qui part de la peluche 1 jusqu'au miroir, puis du miroir jusqu'à la peluche que tu vois.

7. Tiens-toi derrière la peluche 2. Avec une autre couleur, trace des traits comme indiqué dans l'étape 6. Recommence pour chacune des peluches.

8. Utilise ton rapporteur pour mesurer les angles que tu as dessinés.

Fig. 1 : Place le miroir à 20 cm du sol.

Fig. 2 : Prépare des étiquettes pour tes neuf peluches (ou amis).

Fig. 3 : Place la peluche 5 à 1,5 m du miroir.

Fig. 4 : Place les peluches 1 à 4 à gauche de la peluche 5.

Fig. 6 : Agenouille-toi derrière la peluche 1.

Refléter ou absorber ?

Les ondes lumineuses peuvent être reflétées par les miroirs, mais aussi par d'autres objets. Même si un objet n'est pas brillant, il peut refléter la lumière : chaque objet le fait de manière différente en fonction de sa couleur, de sa texture et d'autres propriétés. Les ondes lumineuses (l'énergie rayonnante) peuvent aussi pénétrer une surface et se transformer en d'autres formes d'énergie. Notre peau, par exemple, absorbe la lumière et la transforme en chaleur (énergie thermique). Certains objets sont, par nature, de meilleurs réflecteurs que d'autres. La neige et la glace, par exemple, reflètent plus que les arbres. Les immeubles en verre et les maisons peintes en clair reflètent plus de lumière que les bâtisses en pierre ou de couleur sombre.

L'EXPLICATION

Nous voyons les ondes lumineuses rebondir sur les objets, c'est la lumière qui se reflète. Quand tu regardes une personne à côté de toi, ou même ton image dans un miroir, tu vois en fait des ondes lumineuses qui se reflètent ! Dans cette expérience, tu as vu la lumière rebondir sur les peluches. Certaines ondes lumineuses voyagent vers le miroir, puis le miroir les reflète, dont une partie en direction de tes yeux.
Par ailleurs, les ondes lumineuses se reflètent à un angle prévisible, un peu comme si tu faisais rebondir un ballon. Si tu lâches le ballon tout droit, il va remonter dans la même direction, sans dévier à droite ni à gauche. Lorsque les ondes lumineuses frappent un objet, elles se reflètent toujours avec le même angle, en ligne droite.

LABO 06

LES FEUX DE LA RAMPE

Fig. 3 : Recommence l'expérience en ajoutant à chaque fois un livre.

MATÉRIEL

- **5 livres (de la même épaisseur)**
- **Règle rainurée au centre**
- **Crayon et papier ou cahier**
- **Bille**
- **Mètre pliant ou mètre ruban**

1. Pose un livre par terre (c'est mieux si le sol est lisse). Place une extrémité de la règle contre le bord du livre pour former une rampe vers le sol.

2. Sur une feuille de papier ou dans un cahier, dessine un tableau comme celui de la page suivante.

3. Place une bille au sommet de la règle et lâche-la. Laisse-la rouler le long de la règle (fig. 1). Ne la pousse pas !

DURÉE :
20 minutes

UN COUP DE MAIN ?
À deux, c'est mieux ! Ce sera plus facile de retrouver tes billes si elles s'échappent !

Si tu regardes autour de toi, tu verras que de nombreuses choses se déplacent. Tout mouvement utilise de l'énergie, rien ne peut se déplacer sans cela. Dans cet atelier, tu vas utiliser des rampes et des billes pour explorer les fondamentaux du déplacement et de l'énergie : comment les objets entrent en mouvement, continuent de bouger et finissent par s'arrêter.

OBSERVATIONS

HAUTEUR DE LA RAMPE	ESSAI 1	ESSAI 2	ESSAI 3	ESSAI 4
1 livre				
2 livres				
3 livres				
4 livres				
5 livres				

Fig. 1 : Place une bille au sommet de la règle et lâche-la.

Fig. 2 : À l'aide du mètre, mesure la distance que la bille a parcourue.

Essaye ça !

Reproduis l'expérience sur différentes surfaces, comme un tapis, une terrasse en bois, de l'herbe ou du bitume.

Fig. 4 : Recommence l'expérience jusqu'à empiler cinq livres.

4. Laisse la bille s'arrêter. À l'aide du mètre, mesure la distance qu'elle a parcourue à partir du bout de la règle (fig. 2).

5. Note la distance et recommence l'expérience deux fois. Calcule la distance moyenne que la bille a parcourue sur ces trois essais.

6. Recommence l'expérience en ajoutant à chaque fois un livre jusqu'à en empiler cinq (fig. 3 et 4). Comment la hauteur de la rampe influence-t-elle le mouvement de la bille ?

L'EXPLICATION

Tous les objets en mouvement contiennent de l'énergie. Si un objet est immobile, il stocke l'énergie jusqu'à ce qu'il soit en mouvement. Ainsi, ta bille, au sommet de la règle, contient aussi de l'énergie. Elle ne bouge pas, mais elle a le potentiel pour le faire. C'est donc ce que nous appelons de l'énergie potentielle. Mais si tu ne pousses pas la bille, comment fait-elle pour avancer ?

Il y a trois cents ans, un homme célèbre dont tu as sans doute entendu parler, un certain Isaac Newton, a découvert plusieurs principes fondamentaux concernant le mouvement, qui ont été baptisés les lois du mouvement de Newton. La première loi indique que pour qu'un objet se déplace, une force doit l'y obliger. Cette loi ajoute que l'objet en question continuera de bouger jusqu'à ce qu'une autre force le contraigne à s'arrêter.

Dans le cas de ta bille, ce qui l'a mise en mouvement est une force qui s'appelle la gravité. La gravité attire les corps vers le sol et donne aux objets leur énergie potentielle. L'altitude peut affecter la force de gravité qui s'exerce sur un objet : plus celui-ci est loin du sol, plus la force l'attirant vers le bas sera importante. Ta bille a donc sûrement roulé plus loin, et peut-être plus vite, quand tu l'as lâchée de plus haut.

Mais pourquoi la bille s'est-elle arrêtée ? Tu as remarqué qu'elle avait ralenti petit à petit. En roulant, la bille frotte à la fois contre le sol et contre l'air. Ces deux corps la poussent dans le sens inverse, ce qui la fait ralentir et génère de la chaleur, exactement comme quand tu frottes tes mains l'une contre l'autre. Cette force, c'est la friction. Elle varie selon les surfaces. Tu as déjà glissé sur le carrelage de la cuisine en chaussettes ? Tu as dû remarquer que c'était moins efficace sur un tapis. C'est parce que le tapis est une surface à friction élevée. Par conséquent, si tu les utilises sur une table bien plate et lisse, tes billes rouleront plus longtemps que sur un tapis ou dans l'herbe.

LABO 07

LE PENDULE

Fig. 3 : Soulève la rondelle d'un côté en gardant la ficelle tendue.

DURÉE :
30 minutes

UN COUP DE MAIN ?
Appel général ! Cette activité fonctionne mieux avec l'aide de quelques amis : un pour s'occuper du minuteur, un autre pour lancer le pendule et un dernier pour compter.

Les déplacements ne se font pas toujours en ligne droite. T'est-il déjà arrivé d'aller de travers sur une balançoire ? Il se trouve que les balançoires sont des sortes de pendules. Dans cette expérience, tu vas pouvoir créer un pendule miniature pour étudier les effets de la gravité et son influence sur les mouvements.

MATÉRIEL

- → **Mètre pliant**
- → **2 tables ou plans de travail de la même hauteur**
- → **Ficelle de 60 cm**
- → **Plusieurs rondelles en acier de 12 mm de diamètre**
- → **Minuteur**
- → **Mètre ruban**
- → **Ruban adhésif**

1. Place ton mètre pliant entre les deux tables.

2. Attache une rondelle au bout de la ficelle.

3. Noue une boucle à l'autre extrémité de la ficelle et glisse-la autour du mètre pliant, afin que la rondelle soit suspendue entre les deux tables (fig. 1). Fixe la ficelle à l'aide d'un bout de ruban adhésif. De même, scotche le mètre aux tables (fig. 2).

4. Soulève la rondelle d'un côté pour qu'elle soit à la même hauteur que le mètre, en gardant la ficelle tendue (fig. 3).

5. Règle ton minuteur sur dix secondes.

6. Lâche la rondelle et laisse-la se balancer (fig. 4). Compte le nombre d'aller-retour qu'elle effectue en dix secondes. Chaque trajet s'appelle une vibration. Dessine un tableau pour noter tes observations si besoin.

Fig. 1 : Noue une boucle à l'extrémité de la ficelle et glisse-la autour du mètre pliant.

Fig. 2 : Fixe la ficelle à l'aide d'un bout de ruban adhésif.

Fig. 4 : Lâche la rondelle et laisse-la se balancer.

7. Retire la ficelle du mètre et enfile une autre rondelle pour qu'elle repose sur la première. Remets la ficelle en place avec un nouveau bout de scotch.

8. Recommence les étapes 4 à 6. Observes-tu une différence ? Ajoute encore une ou deux rondelles, et recommence. Que remarques-tu ?

9. Maintenant, essaye de changer la hauteur à laquelle tu lâches les rondelles. Vois-tu une différence ?

Essaye ça !

Recommence l'expérience avec une seule rondelle, mais cette fois, réduis la longueur de la ficelle de moitié. Penses-tu que les vibrations vont augmenter ou diminuer ? Comme avant, ajoute les rondelles une par une et note tes observations.

L'EXPLICATION

Tout corps est soumis à la force de gravitation. Quand ils le peuvent, les objets se déplacent en ligne droite. Dans le cas d'un pendule, toutefois, l'objet suit une trajectoire incurvée. Pourquoi ?

Le pendule est fixé à son sommet. Le mètre retient la ficelle et une force dite centripète attire le pendule vers le haut quand tu le lâches. La gravité et la force centripète travaillent de concert et tirent la rondelle dans des directions opposées, ce qui oblige le pendule à suivre un arc de cercle d'avant en arrière.

Tu n'as probablement pas remarqué de grandes différences dans les vibrations quand tu as augmenté la masse du pendule en ajoutant des rondelles. En revanche, tu verras un gros changement en changeant la hauteur du pendule au départ. Plus tu le lâches de haut, plus il va mettre de temps pour faire un aller-retour.

LABO 08

RESSORT À VAGUES

Fig. 2 : Le mouvement reproduit les vagues de la mer.

UN COUP DE MAIN ?
À deux, c'est mieux !
Tu auras besoin d'un ou de deux partenaires pour réaliser cette activité.

Le son est une énergie. Il se déplace par vagues, mais ce ne sont pas les mêmes vagues que celles qui transportent la lumière, les rayons X ou les signaux radio. Découvre les différents types de déplacements par ondes et comment l'énergie sonore se déplace d'un endroit à l'autre.

MATÉRIEL

→ **Un ressort magique en métal**
→ **Une grande table**

1. Installe-toi en face de ton partenaire. Tenez tous les deux une extrémité du ressort (fig. 1). Demande à un autre ami de filmer l'expérience, c'est encore plus amusant à voir au ralenti !

2. Le bout du ressort dans les mains de ton partenaire doit être parfaitement immobile pendant que tu soulèves l'extrémité que tu tiens à environ 10 cm et la rabaisse pour reproduire les vagues de la mer (fig. 2).

3. Fais onduler le ressort plus rapidement, mais toujours à la même hauteur. Se comporte-t-il de la même manière ?

4. Ralentis à nouveau la cadence, mais augmente l'amplitude de tes gestes en levant le ressort à 20 cm du sol (fig. 3). Observe l'ondulation du ressort, puis accélère le mouvement comme à l'étape 3. Est-ce que tu vois un changement ?

5. Maintenant, c'est au tour de ton partenaire de faire bouger le ressort pendant que tu le maintiens en place (fig. 4).

6. Dis à ton partenaire de pousser et tirer doucement le ressort sur 15 cm, d'avant en arrière en ligne droite. Comment le ressort réagit-il cette fois ?

7. Augmente la vitesse du mouvement d'avant en arrière. Que se passe-t-il quand tu accrois la longueur de mouvement à 30 cm ?

Fig. 1 : Ton partenaire tient une extrémité du ressort.

Fig. 3 : Ralentis le mouvement, mais augmente la hauteur.

Fig. 4 : Au tour de ton partenaire de faire bouger le ressort pendant que tu le maintiens en place.

L'EXPLICATION

L'énergie peut se déplacer par vagues. Mais toutes les vagues d'énergie ne se déplacent pas de la même manière. Les vagues de la mer, la lumière visible et les rayons X suivent un mouvement de bas en haut, comme tu l'as vu dans la première partie de l'expérience.
Les ondes sonores se déplacent différemment. Les sons sont générés par de l'énergie qui vibre à travers des corps ou par des molécules qui bougent d'avant en arrière. Ces molécules entrent en collision et transmettent leur énergie dans la même direction que le son. Tu l'as démontré avec le ressort dans la deuxième partie de l'activité. Quand le ressort est poussé vers l'avant, chaque anneau pousse le suivant et transmet l'énergie. C'est ce que l'on appelle une onde longitudinale, car elle se déplace en une longue ligne droite.
Tu peux souvent ressentir les vibrations du son dans ton corps ! Es-tu déjà allé à un concert ou à un événement sportif où tu sentais les basses résonner ? Place tes doigts sur ta gorge et fredonne un petit air. Sens-tu les vibrations ? Le son peut vibrer et pousser l'énergie dans les liquides, les gaz et les solides. L'énergie qui se déplace dans un mouvement de haut en bas, comme la lumière, est souvent bloquée par des barrières solides.

ESSAYE ÇA !

Explore l'amplification des sons en plaçant un gobelet en mousse dans le ressort métallique. Tiens le ressort à hauteur de ta tête et fais-le rebondir sur le sol. Maintenant, tiens-le plus près du sol et fais-le rebondir à nouveau. Qu'observes-tu ?

LABO 09

BARRIÈRE ANTI-SON

DURÉE :
30 minutes

UN COUP DE MAIN ?
À deux, c'est mieux ! Tu auras besoin d'un ou de deux partenaires pour cette activité. Vous écouterez chacun votre tour.

Les ondes sonores se déplacent en longues lignes et vibrent à travers la matière. Dès lors, une pièce peut-elle être complètement insonorisée ? Nous pouvons souvent entendre des bruits, même à travers des murs épais et solides. Existe-t-il des matériaux capables de bloquer les sons ?

Fig. 1 : Lance la musique, puis place la feuille de papier entre le téléphone et ton ami.

MATÉRIEL

- **Téléphone portable avec ta chanson préférée**
- **Feuille de papier**
- **Pull**
- **Plaque de cuisson**
- **Rouleau de papier absorbant**

1. Assieds-toi en face de ton partenaire, à environ un mètre de distance. Dispose ton matériel entre vous.

2. Tiens le téléphone en dirigeant le haut-parleur vers ton partenaire. Lance la musique, puis place la feuille de papier entre le téléphone et ton ami (fig. 1). Elle doit être assez proche du haut-parleur, mais sans le toucher. Demande à ton partenaire de te décrire ce qu'il entend avec et sans la feuille. Et toi, as-tu remarqué une différence de ton côté ?

3. Sans modifier le volume du téléphone, relance la chanson et recommence l'expérience en intercalant tour à tour un pull, une plaque de cuisson et un rouleau de papier absorbant. Discutez à chaque fois de ce que vous entendez.

4. Échangez les rôles et recommencez l'expérience (fig. 2-4).

5. Essaye avec n'importe quel autre obstacle ! Quels objets bloquent efficacement le son ? Lesquels l'amplifient ?

Figs. 2-4 : Recommence l'expérience en intercalant un pull, une plaque de cuisson puis un rouleau de papier absorbant.

L'EXPLICATION

Les ondes sonores se déplacent en ligne droite dans l'air. Quand elles atteignent un objet, elles sont soit reflétées, soit absorbées, comme la lumière. Tu as certainement déjà entendu du son se refléter, c'est ce qu'on appelle l'écho. Plus un objet est solide, plus il reflétera les ondes sonores. Quand tu as placé la plaque de cuisson devant ton téléphone, la musique est sans doute revenue vers toi. Ton partenaire a probablement entendu une version déformée et atténuée : les ondes avaient du mal à vibrer à travers la plaque de métal.

Certains objets absorbent les ondes. C'était le cas du rouleau de papier : la musique a été absorbée en le traversant. Le pull était sans doute un meilleur absorbant. Selon son épaisseur, il a largement atténué le volume et l'a peut-être même étouffé. Chez toi, les rideaux ou les tapis absorbent efficacement les sons et ralentissent les vibrations de l'énergie sonore.

Myope comme une taupe

Si tu as déjà entendu cette expression, tu te doutes que les taupes ont mauvaise vue. C'est aussi le cas des chauves-souris, mais contrairement aux taupes, celles-ci utilisent les ondes sonores pour « voir » leur environnement. Les chauves-souris savent où se trouvent les obstacles en écoutant l'écho des sons qu'elles émettent en volant. Si le son se répercute rapidement, elles savent qu'elles doivent changer de direction. Elles peuvent même trouver des insectes pour se nourrir grâce aux ondes sonores !

UNITÉ 02

FORMES ET TRANSFORMATIONS D'ÉNERGIE

L'ÉNERGIE TRAVAILLE ET SE TRANSFORME. Elle permet aux avions de voler et t'aide à courir dans la rue. Elle fait cuire les gâteaux dans le four et garde les glaces gelées dans le congélateur. Elle propage ta musique préférée et la lumière dans ta chambre. L'énergie nous aide à grandir, à réfléchir. Comment peut-elle effectuer autant de tâches différentes ?
On distingue deux grandes catégories d'énergie : l'énergie potentielle et l'énergie cinétique.

FORMES D'ÉNERGIE	
POTENTIELLE	**CINÉTIQUE**
Énergie chimique	**Énergie électrique**
Énergie élastique	**Énergie rayonnante**
Énergie nucléaire	**Énergie thermique**
Énergie gravitationnelle potentielle	**Énergie mécanique**
	Énergie sonore

1. L'ÉNERGIE POTENTIELLE

En l'absence de travail, un objet possède une réserve d'énergie. Dans l'idéal, cette énergie potentielle est conservée jusqu'à ce qu'on en ait besoin. Il existe quatre grands types d'énergie potentielle : chimique, nucléaire, gravitationnelle et élastique.

2. L'ÉNERGIE CINÉTIQUE

Lorsqu'un corps est en travail, autrement dit en mouvement, on parle d'énergie cinétique. Il en existe cinq sortes : rayonnante, mécanique, sonore, thermique et électrique.
Si nous pouvons faire autant de choses avec l'énergie, c'est parce qu'elle se transforme en permanence. Parfois, elle passe de cinétique à potentielle, parfois c'est l'inverse. Tout dépend de l'objet et de son environnement. On parle alors de transformation de l'énergie. Rien ne se perd, rien ne se crée : tout se transforme.
Les travaux pratiques de ce chapitre vont te permettre d'observer l'énergie se transformer à travers des objets du quotidien. À la fin de chaque expérience, tu trouveras des informations expliquant comment ces transformations se sont produites et comment les observer dans le monde qui t'entoure.

L'énergie chimique se transforme en énergie rayonnante dans le labo 11. →

LABO 10

REBOND SIMPLE

DURÉE :
20-30 minutes

UN COUP DE MAIN ?
À deux, c'est mieux ! Pour cette activité, il est préférable d'être au moins deux : une personne lâche la balle et l'autre mesure la hauteur du rebond.

LA SÉCURITÉ AVANT TOUT :
Retire tout objet fragile de ton laboratoire pendant cette activité : une balle qui rebondit peut faire des dégâts.

Comment l'énergie potentielle se transforme-t-elle en énergie cinétique ? Un objet peut-il contenir un peu des deux ? Cette activité étudie la transformation de l'énergie potentielle en cinétique par le biais des rebonds d'une balle. Comment transmet-elle son énergie ? Tu peux réaliser cette expérience chez toi ou dehors.

Fig. 2 : Lâche la balle en gardant le mètre déroulé.

MATÉRIEL

- → Mètre
- → Balle rebondissante
- → Plan de travail
- → Surface en bois (table, parquet)
- → Tapis

1. Déroule ton mètre ruban jusqu'à un mètre. Monte sur un marchepied si besoin. Tiens la balle au sommet du mètre (fig. 1).

2. Demande à un partenaire de surveiller la hauteur à laquelle la balle rebondit. Tu peux aussi filmer l'expérience pour la regarder au ralenti.

3. Lâche la balle en gardant le mètre déroulé (fig. 2).

4. Demande à ton partenaire de noter la hauteur du premier rebond (fig. 3). La balle est-elle remontée jusqu'au point de départ ? Pour t'aider, dessine un tableau comme celui qui se trouve en page de droite pour noter tes observations.

5. Recommence les étapes 3 et 4 deux fois (fig. 4). Calcule la hauteur moyenne du rebond.

6. Choisis deux autres hauteurs pour lâcher la balle (fig. 5). Penses-tu qu'elle rebondira plus si tu la lâches de plus haut ? Note tes observations.

7. Recommence l'expérience sur un tapis, puis sur une surface en bois. D'après toi, quelle surface produira le meilleur rebond ?

Fig. 1 : Déroule ton mètre ruban jusqu'à un mètre.

Fig. 3 : Demande à ton partenaire de noter la hauteur du premier rebond.

Fig. 4 : Réalise l'expérience trois fois au total.

Fig. 5 : Choisis deux autres hauteurs pour lâcher la balle.

	PLAN DE TRAVAIL	BOIS	TAPIS
Essai 1			
Essai 2			
Essai 3			
Moyenne			
Essai 1			
Essai 2			
Essai 3			
Moyenne			
Essai 1			
Essai 2			
Essai 3			
Moyenne			

L'EXPLICATION

Quand un objet est en mouvement, il possède de l'énergie cinétique. Si l'objet est immobile et dans une position où la gravité peut agir dessus, il possède aussi une énergie potentielle gravitationnelle (EP). Ta balle dispose d'une EP quand tu la tiens au-dessus du sol. Lorsqu'elle tombe, son EP se transforme en énergie cinétique.

L'énergie n'est jamais créée ni détruite. Elle change continuellement de forme. Quand la balle touche le sol, elle s'arrête une fraction de seconde, provoque un son et repart vers le haut. À ce moment, ce qui était de l'énergie cinétique s'est brièvement transformée en EP, a généré une onde sonore, un peu d'énergie thermique lors de la friction avec la table, avant de se retransformer en énergie cinétique pour rebondir. Pourquoi la balle ne remonte-t-elle pas jusqu'au point où elle a été lâchée ? Tout simplement parce qu'elle a perdu une partie de son énergie cinétique au moment de la collision avec le sol, sous forme d'énergie thermique et sonore.

LABO 11

BÂTONS RAYONNANTS

DURÉE :
15 minutes

UN COUP DE MAIN ?
Fastoche !

ATTENTION, BAZAR !
Place une nappe en plastique ou du papier journal sous les gobelets, juste au cas où !

LA SÉCURITÉ AVANT TOUT :
L'eau chaude ne doit pas dépasser 85 °C. Plus chaude, la colle des bâtons risquerait de fondre, ce qui ferait fuir les bâtons. Dans ce cas, les produits chimiques contenus à l'intérieur, bien que non toxiques, pourraient dissoudre les gobelets.

Explore la transformation de l'énergie avec des bâtons lumineux ! Est-il vrai que ces bâtons restent allumés plus longtemps si tu les gardes au froid ? Découvre l'énergie chimique, rayonnante et thermique grâce à cette expérience.

MATÉRIEL

- **3 bâtons lumineux de même taille et même couleur**
- **2 gobelets en mousse**
- **Lunettes de protection (facultatif)**
- **Eau chaude**
- **Thermomètre de cuisine**
- **Eau glacée**
- **Pince**

1. Examine un bâton non cassé. Que vois-tu à l'intérieur ? As-tu remarqué qu'il y avait des bulles ? Chaque bulle est un produit chimique différent (fig. 1).

2. Place les gobelets côte à côte et mets tes lunettes de protection, si tu en as. Verse délicatement de l'eau chaude jusqu'à 1,5 cm du bord. Fais la même chose avec l'eau froide dans le second gobelet (fig. 2).

Fig. 4 : Compare les bâtons. Pourquoi brillent-ils différemment ?

3. Tords les trois bâtons afin de les allumer et secoue-les pour mélanger les produits chimiques.

4. Avec la pince, dépose un bâton dans l'eau froide et un autre dans l'eau chaude (fig. 3). Laisse le troisième sur la table. Attends trois minutes. Comment réagissent les bâtons ?

5. Sors-les maintenant de l'eau et compare leur luminosité avec celui qui est resté sur la table. Comment s'explique la différence ? Quel type de transformation de l'énergie as-tu observé ?

Fig. 1 : Examine les bâtons non cassés : tu remarqueras des bulles à l'intérieur.

Fig. 2 : Verse l'eau dans les gobelets.

Fig. 3 : Dépose un bâton dans l'eau froide et un autre dans l'eau chaude.

Essaye ça !

Quelle est ta couleur préférée ? Reproduis l'expérience avec des bâtons d'autres couleurs pour voir si certaines teintes ont une influence sur la luminosité. Si besoin, prends des photos pour mieux comparer. Pendant combien de temps précisément les bâtons brillent-ils selon la température ? Recommence l'expérience en notant la durée de chaque bâton. Tu peux aussi ajouter d'autres gobelets à des températures différentes, ou filmer l'expérience et la regarder en accéléré pour voir l'évolution des bâtons dans le temps.

L'EXPLICATION

Les bâtons lumineux sont remplis de produits chimiques : des esters, un colorant fluorescent et du peroxyde d'hydrogène. Lorsque ces substances sont séparées et inactives, l'énergie potentielle est stockée dans les liquides sous forme d'énergie chimique. Quand tu tords les bâtons, les liquides se mélangent et donnent naissance à de nouveaux produits chimiques, qui n'ont pas besoin de la même quantité d'énergie. Ils libèrent donc l'excès d'énergie sous forme d'énergie rayonnante (de la lumière). Tu as donc observé de l'énergie chimique se transformer en énergie lumineuse !

Lorsque tu places un bâton dans l'eau froide, il brille moins. L'eau froide absorbe une partie de l'énergie thermique (la chaleur) du bâton et ralentit la réaction. Dans l'eau chaude, en revanche, les bâtons brillent plus fort. Cette fois, ce sont les produits chimiques qui absorbent l'énergie de l'eau : ils réagissent plus vite et produisent plus de lumière. En contrepartie, ils s'éteignent plus vite. De fait, un bâton lumineux dure plus longtemps dans l'eau froide que dans l'eau chaude ou à température ambiante, puisqu'il libère de l'énergie rayonnante plus lentement.

LABO 12

L'EFFERVESCENCE

De nombreux produits que nous utilisons au quotidien sont considérés comme des produits chimiques. Dans cette expérience, observons l'énergie se transformer en mélangeant deux substances. Est-ce que tous les produits mélangés génèrent de la lumière comme dans l'expérience précédente ? Découvrons cela tout de suite.

DURÉE :
20 minutes

UN COUP DE MAIN ?
Fastoche !

ATTENTION, BAZAR !
Réalise cette expérience au-dessus d'une nappe en plastique ou dehors.

LA SÉCURITÉ AVANT TOUT :
Lorsque tu mélanges des produits chimiques, il est préférable de toujours porter des lunettes de protection. Dans cette expérience, les produits ne présentent aucun danger, mais peuvent t'irriter les yeux.

Fig. 3 : Verse le bicarbonate de sodium dans le sachet.

MATÉRIEL

→ **Cuillères doseuses**
→ **Sachet plastique refermable**
→ **Vinaigre blanc**
→ **Thermomètre de cuisine ou de laboratoire**
→ **Bicarbonate de sodium**

1. Verse une cuillère à café (5 ml) de vinaigre dans un sachet en plastique vide (fig. 1).

2. Touche le sachet. Remarques-tu quelque chose de particulier concernant la température ?

3. Place ton thermomètre dans le sachet pour que l'extrémité soit immergée dans le vinaigre (fig. 2) et note la température.

4. Verse une cuillère à café (5 g) de bicarbonate de sodium dans le sachet (fig. 3). Mélange délicatement en appuyant sur le sachet. Qu'observes-tu quand les deux substances se mélangent ?

5. Après 30 secondes, mesure à nouveau la température (fig. 4). A-t-elle évolué ?

6. Ferme le sachet et manipule-le. Que ressens-tu ? Est-ce différent du début ?

Fig. 1 : Verse le vinaigre dans un sachet en plastique.

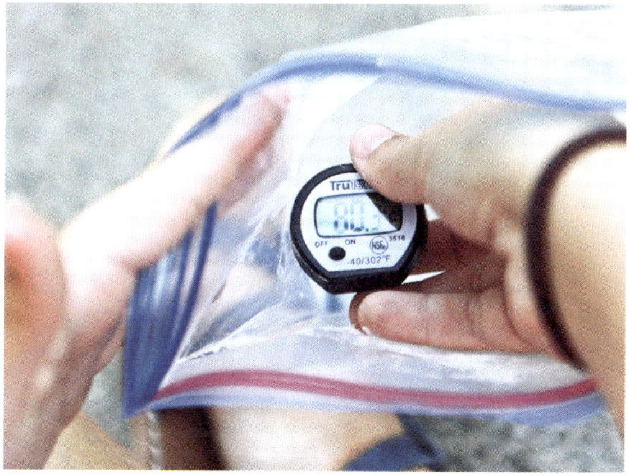

Fig. 2 : Place ton thermomètre dans le sachet.

Fig. 4 : Après 30 secondes, mesure à nouveau la température.

L'EXPLICATION

Une réaction chimique survient lorsqu'un produit se mélange à un autre pour former une toute nouvelle substance avec des propriétés différentes. Quand tu mélanges deux produits pour créer une réaction, de l'énergie thermique (de la chaleur) peut se dégager. Une réaction peut être endothermique ou exothermique. « Endo » signifie « à l'intérieur » et « thermique » veut dire « chaleur ». Par conséquent, dans une réaction endothermique, la chaleur va vers l'intérieur, elle est absorbée. Pour une réaction exothermique, c'est l'inverse : de l'énergie thermique est relâchée dans l'environnement (« exo » signifiant « à l'extérieur »). Quel type de réaction as-tu observé en mélangeant le vinaigre et le bicarbonate ?

Tu as constaté que ton mélange s'était mis à mousser. Dans le sachet, le vinaigre et le bicarbonate se sont dégradés et ont formé de nouvelles substances : de l'eau, du dioxyde de carbone (les bulles) et de l'acétate de sodium. Tu as aussi remarqué que la température avait diminué.

Pour qu'une réaction chimique se produise, il faut de l'énergie pour dégrader les substances premières et en former de nouvelles. Ici, la dégradation du vinaigre et du bicarbonate requiert beaucoup d'énergie, donc la réaction absorbe de l'énergie thermique de son environnement et refroidit. C'est donc une réaction endothermique. L'énergie chimique des produits s'est transformée en énergie thermique.

LABO 13

LES MAINS BIEN AU CHAUD

DURÉE :
20 minutes

UN COUP DE MAIN ?
Fastoche !

ATTENTION, BAZAR !
Réalise cette expérience au-dessus d'une nappe en plastique ou du papier journal pour protéger ton plan de travail.

LA SÉCURITÉ AVANT TOUT :
Les chaufferettes peuvent devenir très chaudes. Laisse-les sur la table et manipule-les avec précaution. Les matériaux ne présentent pas de risque, mais pourraient t'irriter les yeux.

En hiver, lorsque nous passons du temps dehors, à jouer ou se promener par exemple, il est pratique d'avoir des petites chaufferettes que l'on place dans ses gants ou ses poches pour se réchauffer les mains. Mais que cachent ces petits sachets ? Et comment produisent-ils de la chaleur ? Voyons la transformation d'énergie qui a lieu dans cette activité.

MATÉRIEL

→ **Chaufferette jetable**
→ **Lunettes de protection (facultatif)**
→ **Ciseaux**
→ **Sachet plastique refermable**
→ **Thermomètre**
→ **Chronomètre**

1. Sors une chaufferette de son emballage. Mets tes lunettes de protection si tu en as.

2. Coupe le coin d'une chaufferette et verse son contenu dans le sachet en plastique que tu laisseras ouvert pour le moment (fig. 1).

3. Note la température (fig. 2).

Fig. 2 : Note rapidement la température.

4. Laisse le sachet ouvert trois minutes (fig. 3).

5. Touche le sachet pour voir la température. Remets le thermomètre dans le sachet et note à nouveau le résultat. Est-il différent de la première mesure ?

6. Ferme le sachet de manière bien étanche. Attends encore trois minutes.

7. Au bout de ces trois minutes, touche le sachet, puis mesure la température avec le thermomètre (fig. 4). Que remarques-tu ?

Fig. 1 : Verse le contenu d'une chaufferette dans un sachet en plastique vide.

Fig. 3 : Laisse le sachet ouvert pendant trois minutes.

Fig. 4 : Après trois minutes, touche le sachet, puis mesure la température.

L'EXPLICATION

L'un des principaux ingrédients des chaufferettes est le fer. Le paquet contient de tout petits trous pour permettre à l'air et à la vapeur d'eau d'entrer lentement. Lorsque le fer est exposé à l'air et à l'eau de l'air ou de tes mains, il s'oxyde. Eh oui, il rouille ! C'est une réaction chimique qui produit de la chaleur, elle est donc exothermique. L'énergie chimique du fer est transformée en énergie thermique. La réaction génère plus d'énergie qu'il n'en faut pour dégrader le fer, l'oxygène et l'eau. Cet excès d'énergie est évacué sous forme de chaleur. Quand tu ouvres le paquet et le verses dans ton sachet, le phénomène d'oxydation, ou de rouille, se produit bien plus vite, parce qu'une plus grande surface du fer est exposée à l'oxygène et à la vapeur d'eau.

LABO 14

NOIR ET BLANC AU SOLEIL

Fig. 5 : Note les températures de tous les thermomètres.

« Pfff, il fait trop chaud aujourd'hui ! Je n'aurais jamais dû mettre un t-shirt noir ! » Voilà une phrase que l'on entend souvent en été. Mais pourquoi les vêtements sombres donnent-ils plus chaud par une belle journée ensoleillée ? Cette activité démontre comment l'énergie se transforme sous l'effet du soleil.

DURÉE :
30 minutes

UN COUP DE MAIN ?
Fastoche !

MATÉRIEL

→ **Boîte de céréales en carton**
→ **Ciseaux**
→ **Feuille de papier noire**
→ **Feuille de papier blanche**
→ **Ruban adhésif**
→ **Crayon ou feutre**
→ **4 thermomètres**
→ **Minuteur**

1. Coupe l'avant et l'arrière de ta boîte de céréales pour avoir deux planches de carton de même taille (fig. 1).

2. Coupe les feuilles blanche et noire en deux (fig. 2).

3. Aligne une demi-feuille de papier blanc avec une demi-feuille noire et attache-les sur le carton avec du ruban adhésif (fig. 3). Fais la même chose sur l'autre bout de carton.

4. Sur un carton, écris « soleil » et sur l'autre « ombre ».

5. Scotche un thermomètre sur chaque morceau de feuille.

6. Note les températures de tous les thermomètres.

7. Maintenant, place un carton directement au soleil et l'autre à côté, mais à l'ombre (fig. 4).

8. Vérifie les températures et note-les toutes les trois minutes pendant un quart d'heure (fig. 5). Que vois-tu ? Utilise un tableau comme celui de la page suivante pour reporter tes données.

Fig. 1 : Coupe l'avant et l'arrière d'une boîte de céréales.

Fig. 2 : Coupe les feuilles blanche et noire en deux.

Fig. 3 : Attache-les sur le carton avec du ruban adhésif.

Fig. 4 : Place un carton directement au soleil et l'autre à l'ombre.

TEMPS (MIN)	TEMPÉRATURE AU SOLEIL		TEMPÉRATURE À L'OMBRE	
	Noir	Blanc	Noir	Blanc
Début				
3				
6				
9				
12				
15				

L'EXPLICATION

« Il fait bien meilleur à l'ombre ! » Si les gens disent cela, c'est parce qu'il semble faire plus chaud au soleil. Lorsque tu as placé ton carton au soleil, l'énergie rayonnante, c'est-à-dire la lumière du soleil, a été absorbée par le papier. Elle a ensuite été transformée en énergie thermique par le papier. Le thermomètre du côté ensoleillé indique la température de l'énergie absorbée par le papier et celle de l'air qui l'entoure. Au contraire, le carton à l'ombre ne reçoit pas directement les rayons du soleil et le thermomètre mesure seulement l'énergie thermique qui l'entoure.

Tu as dû remarquer qu'au soleil, la feuille noire est la plus chaude. En fait, le soleil produit une énergie rayonnante de toutes les couleurs de l'arc-en-ciel. Un objet sombre, comme une feuille noire, absorbe presque toute la lumière qu'il reçoit, alors que les objets blancs en reflètent une grande partie. Par conséquent, comme le papier noir absorbe plus d'énergie, il devient plus chaud que la feuille blanche.

UNITÉ 03 LES SOURCES D'ÉNERGIE RENOUVELABLES ET NON RENOUVELABLES

COMME NOUS L'AVONS APPRIS, l'énergie se transforme en permanence selon le travail. Nous pouvons l'observer tout autour de nous sous de nombreuses formes.
Les hommes ont toujours utilisé l'énergie. Les différentes sources d'énergie nous donnent la possibilité de déplacer des véhicules, de produire de l'électricité, de réguler la température de nos foyers et même de courir sur un terrain de foot ! On dénombre dix grandes sources d'énergie qui entrent chacune dans l'une des deux catégories suivantes : les sources renouvelables et non renouvelables.
Les réserves d'énergie renouvelables peuvent se restaurer assez rapidement. Ces sources sont la biomasse, la géothermie, l'hydraulique, le solaire ou encore l'éolien. La biomasse fonctionne à base de plantes, de bois et de déchets. L'énergie géothermique fait référence à la chaleur produite par le noyau de la Terre. L'énergie hydraulique est celle qui provient de l'eau en mouvement, et tu connais sans doute déjà l'énergie solaire (du soleil) et éolienne (du vent). Ces sources peuvent servir à générer de l'électricité ou de la chaleur. Elles se renouvellent rapidement ou sont constamment à notre disposition.
À l'inverse, les sources d'énergie non renouvelables finissent par s'épuiser. C'est le cas du pétrole, du gaz naturel, du charbon, du propane et de l'uranium. On s'en sert pour alimenter les voitures, réchauffer les maisons, produire de l'électricité et fabriquer des objets, mais ces ressources sont limitées.
Les énergies non renouvelables se trouvent dans les couches de roches et de minéraux de la planète. Elles ont mis des centaines de millions d'années à se former. C'est pourquoi on les appelle aussi les énergies « fossiles ». Par exemple, le pétrole qui sert à fabriquer l'essence des voitures s'est formé avant même l'apparition des dinosaures ! Nous utilisons tous les jours de très grandes quantités de ces énergies et il est possible qu'un jour, toutes ces ressources soient épuisées.
Les expériences de ce chapitre vont te permettre de découvrir comment trouver et maîtriser ces dix sources d'énergie. Ces expériences t'aideront aussi à mieux comprendre les avantages et les inconvénients de chacune. Identifier et évaluer les points forts et les points faibles de chaque source est essentiel pour savoir comment nous utiliserons l'énergie à l'avenir. Dans chaque activité, tu pourras aussi découvrir des métiers et des faits intéressants liés à l'énergie !

L'énergie éolienne à l'œuvre. →

LABO 15

L'ATTRAPE-BONBONS

DURÉE :
30 minutes

UN COUP DE MAIN ?
À deux, c'est mieux ! À condition que ton partenaire ne soit pas trop gourmand : il faut attendre *la fin* de l'expérience pour manger les bonbons !

Les énergies renouvelables et non renouvelables nous servent tous les jours. Dans cette expérience, nous utiliserons des bonbons pour représenter chaque type d'énergie. Tu seras le responsable énergétique de ta ville et devras utiliser l'énergie à bon escient. Réfléchis bien à la durée de fonctionnement de chaque énergie si tu continues à t'en servir. Cette expérience se divise en deux phases : le passé et le présent.

MATÉRIEL

→ **50 M&M's**
→ **3 bonbons haricots gélifiés**
→ **2 saladiers**
→ **1 petit gobelet**
→ **2 pailles**
→ **Minuteur**

Fig. 2 : Utilise la paille pour aspirer.

1. La première phase de cette expérience montre comment nous utilisions l'énergie autrefois. Verse 50 M&M's dans un saladier (fig. 1). Garde l'autre saladier de côté et place le gobelet près des M&M's. Les bonbons représentent l'énergie et tu dois en fournir à ta ville tous les ans. Chaque année dure 15 secondes.

2. Règle ton minuteur sur 15 secondes. Dès que le chronomètre est lancé, chaque personne utilise une paille pour transférer autant de M&M's dans le gobelet que possible. Utilise la paille pour aspirer (fig. 2). *Tu ne dois pas te servir de tes mains, même pas pour tenir la paille !*

3. C'est fini ! Compte combien de bonbons vous avez mis dans le gobelet. Ils représentent la quantité d'énergie que vous avez réussi à maîtriser cette année. Combien reste-t-il de M&M's dans le saladier ? Vide le gobelet dans le second saladier, qui représente l'énergie dépensée (fig. 3).

4. Recommence les étapes 2 et 3 pour un total de quatre tours (ou années). Reste-t-il de l'énergie à récupérer ? Combien d'années penses-tu pouvoir encore tenir à ce rythme ?

Fig. 1 : Verse 50 M&M's dans un saladier.

Fig. 3 : Vide le gobelet dans le second saladier.

Fig. 4 : Ajoute trois bonbons haricots aux M&M's.

Fig. 5 : Remets les haricots dans le premier saladier.

5. Passons maintenant au temps présent. Remets tous les M&M's dans le premier saladier et ajoute trois bonbons haricots (fig. 4). Dans cette phase, tu vas procéder de la même manière que dans l'étape 2, mais en aspirant maximum deux bonbons par personne. Relance le minuteur pour 15 secondes.

6. Au bout de ces 15 secondes, compte combien de bonbons ont terminé dans le gobelet. Il y en a bien deux par personne ? Combien en reste-t-il dans le saladier ? Verse tous les M&M's du gobelet dans le second saladier. Les haricots, par contre, peuvent être remis dans le premier saladier et réutilisés tous les ans (fig. 5) !

7. Refais trois tours de 15 secondes en suivant l'étape 6. Tes bonbons vont-ils durer plus longtemps grâce aux haricots ?

L'EXPLICATION

Dans cette expérience, les M&M's représentent une source d'énergie non renouvelable. Une fois que tu les as aspirés et placés dans le gobelet, tu as dû les « jeter ». Lorsque nous consommons ces sources, elles disparaissent. Les bonbons haricots représentent au contraire les énergies renouvelables. On peut les réutiliser autant de fois que nous le voulons. Autrefois, nous ne prêtions pas attention à la quantité d'énergie fossile que nous utilisions. Nous ne comprenions pas que les réserves ne pouvaient pas se reconstituer rapidement et qu'elles étaient très limitées. En ajoutant des énergies renouvelables, nous pouvons prolonger la vie des énergies fossiles. Plus nous utilisons d'énergies renouvelables, plus les autres dureront longtemps. Qui plus est, les renouvelables sont souvent moins polluantes !

LABO 16

CONCOURS D'EXTRACTION DE PÉPITES

DURÉE :
25-30 minutes

UN COUP DE MAIN ?
Appel général !

ATTENTION, BAZAR !
Utilise une nappe en plastique ou du papier journal pour protéger ton espace de travail.

Prélèvement du chocolat.

MATÉRIEL

- → **Cookies aux pépites de chocolat**
- → **Cure-dents**
- → **Trombones**
- → **Papier quadrillé**
- → **Crayon**
- → **Appareil photo (facultatif)**
- → **Minuteur**

1. Entoure-toi de quelques amis : vous jouerez chacun le rôle d'exploitants miniers concurrents

Les carburants, comme le charbon et l'uranium, sont prélevés dans des mines. Aujourd'hui, il est essentiel de les extraire prudemment afin de protéger la terre et les travailleurs. À quoi ressemble ce processus ? Dans cette activité, les pépites de chocolat représentent le minerai tant convoité et le cookie la terre qu'il faut préserver. Fais bien attention ! Les mineurs voudront récupérer leurs terres en bon état une fois le travail terminé !

(vous pouvez aussi jouer en groupe, par exemple deux contre deux).

2. Donne à chaque équipe un biscuit, un cure-dent, un trombone et un morceau de papier quadrillé.

3. Chaque équipe doit placer le cookie sur le papier et en tracer le contour au crayon (fig. 1). Ce sera la zone d'extraction. Si tu as un appareil photo sous la main, prends une photo.

4. Chaque équipe ne peut utiliser que le cure-dent et le trombone comme outils pour extraire le « minerai » de chocolat. Interdit d'utiliser les doigts (fig. 2) ! Place chaque pépite extraite sur un carreau de la feuille, à l'extérieur de la zone d'extraction, seulement à l'aide des outils.

5. Règle le minuteur sur deux minutes. À la fin de ce temps, compte les pépites que ton équipe a extraites (fig. 3). Chaque carré rempli te rapporte 5 €. Quelle équipe a gagné le plus d'argent ?

Fig. 1 : Trace le contour du cookie sur la feuille quadrillée.

Fig. 2 : Chaque équipe ne peut utiliser que le cure-dent et le trombone comme outils pour extraire le « minerai ».

Fig. 3 : Compte les pépites que ton équipe a extraites.

Fig. 4 : Reconstruis ton cookie avec les miettes tombées dans la zone d'extraction.

6. Tu veux continuer à extraire des minerais ? Relance le minuteur pour deux minutes. Chaque équipe peut acheter des outils supplémentaires pour 5 € pièce, qu'il faudra déduire des bénéfices de l'équipe. Continuez à prélever les pépites aussi longtemps que vous le pouvez.

7. À l'aide du contour du cookie et des photos de départ, il est temps de remettre la terre en état. Reconstruis ton cookie avec les miettes qui sont tombées dans la zone d'extraction (fig. 4). Ton biscuit doit ressembler le plus possible à ce qu'il était au début.

8. Discute avec tes concurrents. Comment évaluer la réussite d'une entreprise d'extraction minière ? Si tu dois reconstituer la terre quand tu as fini ton travail, est-ce vraiment utile d'aller chercher absolument toutes les pépites ? Et si tu devais aussi acheter les terres et payer les ouvriers ? Te semble-t-il difficile de gagner de l'argent avec une mine ?

L'EXPLICATION

La réhabilitation consiste à remettre une région dans l'état où elle était avant d'être exploitée par une entreprise. Par exemple, si une société a dû raser une forêt pour creuser le sol, elle devra replanter le même genre d'arbres et surveiller leur croissance une fois son travail terminé. Si une espèce particulière d'oiseaux vivait là, son habitat devra être recréé pour que ces animaux reviennent.

Ce travail de réhabilitation permet de lutter contre l'érosion, de rétablir l'équilibre biologique de la région et de protéger la terre. C'est une obligation légale pour les entreprises, qui doivent mettre de l'argent de côté afin de réhabiliter les friches minières.

Les entreprises travaillent souvent en partenariat avec les municipalités ou les gouvernements nationaux, qui veillent à ce que la région soit correctement remise en état.

LABO 17

GISEMENT DE PÉTROLE

DURÉE :
15-20 minutes

UN COUP DE MAIN ?
À deux, c'est mieux !

ATTENTION, BAZAR !
Prépare cette activité chez toi et réalise-la dehors ou dans ta cuisine, ce sera plus facile à nettoyer en cas de débordement.

LA SÉCURITÉ AVANT TOUT :
Quand tu extrairas le pétrole, tu devras peut-être monter sur un tabouret ou une chaise. Assure-toi qu'un ami ou un adulte est à proximité.

Le pétrole se trouve à des centaines de kilomètres sous la surface de la Terre. Pour le prélever, les entreprises pétrolières doivent forer le sol afin de creuser un puits très profond. Des sections de tuyaux sont mises en place pour remonter facilement le pétrole ; c'est ce qu'on appelle le tubage du puits. Si le pétrole ne remonte pas tout seul, on peut créer une pression artificielle qui va attirer le liquide vers la surface. Quelle quantité de pression faut-il appliquer ? Allons creuser un puits pour le savoir !

Fig. 4 : Monte sur un tabouret pour que le tubage forme une ligne droite du gobelet jusqu'à ta bouche.

MATÉRIEL

- Ciseaux
- 8 pailles en plastique
- Ruban de masquage
- Soda
- Gobelets en plastique de 90 ml
- Sirop de chocolat
- Règle

1. Avec les ciseaux, fais une entaille d'un centimètre à un bout de chaque paille (fig. 1).

2. Assemble les pailles pour former un long tube en insérant la partie incisée de chaque paille dans une autre (fig. 2)

3. Place un morceau de ruban de masquage aux jointures pour bien fixer le tube et empêcher l'air de passer (fig. 3).

4. Verse un peu de soda dans un gobelet pour représenter le pétrole et pose le gobelet par terre.

Fig. 1 : Fais une entaille d'un centimètre à un bout de chaque paille.

Fig. 2 : Assemble les pailles pour former un long tube.

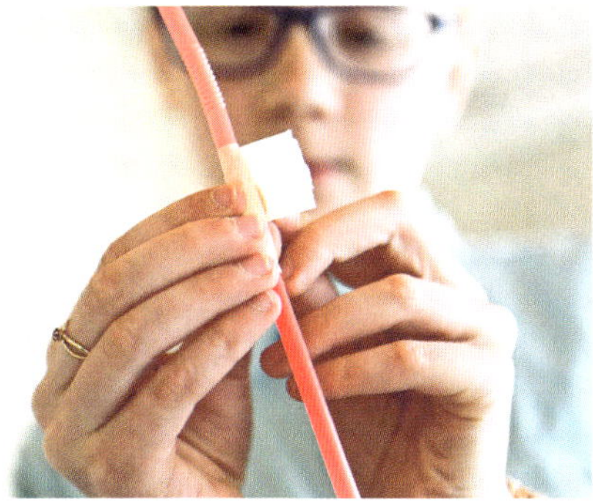

Fig. 3 : Place un morceau de bande adhésive aux jointures.

Fig. 5 : Verse du sirop de chocolat dans un autre gobelet et essaye de le remonter en utilisant la même technique.

5. Mets une extrémité de ta grande paille dans le soda : tu as terminé le tubage du puits.

6. Si besoin, monte sur un tabouret pour que le tubage forme une ligne droite du gobelet à ta bouche (fig. 4). À présent, aspire en essayant de remonter le liquide jusqu'à ta bouche.

7. Si c'est trop difficile, ton tubage n'est peut-être pas étanche : ajoute du ruban adhésif sur les joints. Parviens-tu à extraire le pétrole maintenant ?

8. Tu peux varier l'expérience en versant du sirop de chocolat dans un autre gobelet. Essaye de le remonter en utilisant la même technique (fig. 5). Est-ce plus difficile ?

9. Raccourcis la hauteur de ton tubage en coupant une paille. Que remarques-tu quand tu essayes de remonter le liquide à la surface ?

L'EXPLICATION

La viscosité est une propriété des fluides qui décrit la résistance d'un liquide à l'écoulement. Les fluides très visqueux sont épais et se déplacent difficilement. Les fluides à faible viscosité, au contraire, coulent facilement. À l'état naturel, le pétrole brut existe sous différentes viscosités et couleurs en fonction de son emplacement et de la manière dont il s'est formé. Il peut être brun sombre et très visqueux, un peu comme du sirop de chocolat, ou bien plus clair, jaunâtre et très liquide.

Essaye ça !

Continue d'expérimenter les viscosités des fluides avec différentes configurations de puits. Essaye de trouver la meilleure longueur pour chaque substance.

LABO 18

PERFECTION PERFORÉE

DURÉE :
20 minutes

UN COUP DE MAIN ?
À deux, c'est mieux !

ATTENTION, BAZAR !
Réalise cette activité à l'extérieur ou sur une nappe en plastique, le terrain peut devenir glissant !

Fig. 3 : Verse doucement de l'eau sur les éponges.

Si tu imagines qu'extraire le pétrole revient à l'aspirer par une paille, de combien d'ouvertures as-tu besoin pour faire remonter le fluide à la surface ? Une seule, bien sûr. Dans cette expérience, nous allons étudier les différentes techniques employées par l'industrie minière pour prélever plus de pétrole dans un même puits. Faut-il faire plus de trous pour cela ? C'est ce que nous allons voir.

Fig. 1 : Dépose une éponge dans l'assiette, sur le film plastique, et place une paille dessus.

Fig. 2 : Pose l'autre éponge par-dessus en l'alignant avec la première.

MATÉRIEL

- → **2 assiettes**
- → **Film plastique**
- → **2 éponges (sèches ou à peine humides) de même taille et même forme**
- → **Pailles flexibles**
- → **Ruban adhésif**
- → **De l'eau dans un verre doseur**
- → **3 livres ou des poids identiques**
- → **Verre gradué de 30 ml**
- → **Punaise**
- → **Règle**
- → **Serviettes en papier**

1. Prends une assiette et recouvre-la d'une grande feuille de film plastique.

2. Dépose une éponge dans l'assiette sur le plastique. Place une paille sur l'éponge : le bas de la paille doit être au milieu et le coude dépasser de l'autre côté (fig. 1).

3. Pose l'autre éponge par-dessus en l'alignant avec la première (fig. 2).

4. Verse doucement de l'eau sur les éponges jusqu'à ce qu'elles soient saturées, mais sans qu'elles débordent (fig. 3). Regarde quelle quantité d'eau tu as versée.

5. Recouvre ton installation avec du film plastique (fig. 4). Essaye de faire un paquet bien étanche pour que l'eau ne fuie pas. Utilise du ruban adhésif pour le sceller.

6. Place ta seconde assiette sous le bout de la paille pour récupérer le liquide prélevé.

7. Dépose les livres, un par un, sur les éponges, et regarde la quantité d'eau sortir de la paille pour tomber dans la deuxième assiette (fig. 5). Si les livres écrasent la paille ou qu'il faut mettre une pression supplémentaire, appuie avec les mains. Continue jusqu'à ce qu'il n'y ait plus une goutte d'eau qui sorte de la paille.

Fig. 4 : Recouvre ton installation avec du film plastique.

Fig. 5 : Dépose les livres, un par un, sur les éponges.

8. Mesure la quantité d'eau récupérée en la versant dans le verre gradué (fig. 6).

9. Démonte ton installation et presse les éponges au-dessus de l'évier pour enlever toute l'eau qui reste.

10. À l'aide d'une punaise, perce plusieurs trous à environ 3 mm d'écart au bas de ta paille, loin du coude (fig. 7). Si tu as une paille rayée, aide-toi des rayures.

11. Recommence ton installation avec la paille percée au milieu de deux éponges, comme dans l'étape 3, et suis les étapes 4 à 8 avec la même quantité d'eau pour saturer les éponges. Remarques-tu une différence dans la quantité d'eau prélevée ?

Fig. 6 : Mesure la quantité d'eau récupérée en la versant dans le verre gradué.

Fig. 7 : Perce plusieurs trous à environ 3 mm d'écart au bas de la paille.

L'EXPLICATION

Cette expérience démontre plusieurs éléments importants à prendre en compte pour extraire du pétrole brut et du gaz naturel. Dans la première partie de l'activité, le liquide n'a qu'une seule porte d'entrée dans le tubage pour être ramené à la surface. Dans la seconde partie, après avoir perforé la paille (le tubage), tu as dû remarquer une augmentation de la production de tes éponges (le puits). Pour exploiter le pétrole, les tubes sont perforés à l'aide de charges explosives. Ainsi, le pétrole ou le gaz peuvent entrer à plusieurs endroits, et pas juste au bout du tubage.

Tu te demandes peut-être pourquoi nous avons réalisé cette expérience à l'horizontale. Il est vrai que les puits sont forés à la verticale, mais des machines robotisées sont aussi utilisées pour creuser horizontalement dans un même puits. Ainsi, les gisements peuvent être pleinement exploités dans toutes les directions. Cela signifie aussi qu'il est possible d'aller chercher des gisements plus éloignés du lieu de forage sans creuser plusieurs puits.

Ah, et les éponges ? Elles ont des pores qui piègent l'eau, exactement comme les roches sédimentaires retiennent le pétrole et le gaz !

Le propane, la panacée ?

Le propane est l'une des dix sources d'énergie. Comment le trouve-t-on ? Il s'agit en fait d'un produit qui peut être séparé du pétrole et du gaz. Si nous disposons de ces ressources, nous avons aussi du propane ! C'est un gaz très pratique qui permet d'alimenter les gazinières, de réchauffer les immeubles, d'assécher les cultures, de produire de l'électricité et même d'alimenter les chariots élévateurs et d'autres véhicules.

LABO 19

FRACTURATION GÉLATINEUSE

DURÉE :
30 minutes, plus toute une nuit pour que la gélatine prenne.

UN COUP DE MAIN ?
Appel général !
Cette activité exige la participation de plusieurs personnes, notamment d'un adulte, pour t'aider à préparer la gélatine. Tu peux aussi demander à un ami de filmer l'expérience.

ATTENTION, BAZAR !
Mieux vaut réaliser cette expérience sur une nappe en plastique ou du papier journal. Garde des serviettes en papier et de l'eau chaude à portée de main pour nettoyer.

LA SÉCURITÉ AVANT TOUT :
Tu as besoin de faire bouillir de l'eau pour préparer la gélatine. Demande à un adulte de t'aider pour cela.

Le gaz naturel est un carburant fossile semblable au pétrole. Ces deux sources d'énergie ont des propriétés similaires, puisqu'elles se sont formées dans les mêmes conditions. La grande différence est que le gaz est, bien entendu, un gaz et le pétrole un liquide. Les plus grandes réserves de gaz naturel, une énergie non renouvelable, se trouvent en Amérique du Nord. Des bulles de gaz sont souvent piégées dans les petits pores des roches. Afin d'ouvrir ces pores, l'industrie gazière a recours à une technique baptisée fracturation hydraulique, que tu vas reproduire dans cette expérience.

Fig. 5 : Appuie très fort sur la seringue pour envoyer le sirop dans le bloc de gélatine.

MATÉRIEL

- → Eau
- → Casserole ou bouilloire
- → Grand verre doseur
- → 3 paquets de gélatine non aromatisée
- → Fouet de cuisine
- → Moule à cake
- → Huile végétale
- → Spatule
- → Plat de service
- → Pailles flexibles
- → Règle
- → Punaise
- → Film plastique
- → Seringues orales (22 ml)
- → Ruban adhésif
- → Sirop d'érable
- → Couteau en plastique
- → Serviettes en papier

Fig. 1 : Enfonce une paille dans le bloc de gélatine.

1. Prépare la gélatine la veille de l'activité. Tu peux la conserver au réfrigérateur jusqu'au moment de la fracturer. Voici comment la préparer :

- **a.** Fais bouillir de l'eau dans une casserole ou une bouilloire.
- **b.** Pendant ce temps, remplis un grand verre doseur avec 120 ml d'eau à température ambiante.
- **c.** Verse les trois sachets de gélatine dedans et mélange avec le fouet.
- **d.** Ajoute 830 ml d'eau bouillante. Tu dois donc avoir au total 950 ml de liquide. Continue de mélanger pour dissoudre la gélatine.
- **e.** Graisse le moule à cake avec un peu d'huile sur un bout de serviette et verse la préparation dedans.
- **f.** Laisse reposer toute la nuit au frigo.

2. Coupe la gélatine en quatre ou cinq tranches à l'aide du couteau en plastique. Avec la spatule, démoule un bloc et pose-le dans un plat.

3. Enfonce une paille sur le côté du bloc, parallèlement au plat (fig. 1). Insère-la aux deux tiers de la longueur environ. Attention à ne pas transpercer de l'autre côté.

4. Pour forer ton puits, entortille la paille et retire-la délicatement de la gélatine afin d'enlever l'excès. Jette ensuite la paille.

L'EXPLICATION

La fracturation hydraulique permet aux entreprises d'exploitation d'accéder aux réserves de gaz naturel (et de pétrole brut) piégées dans les petits pores des roches à des centaines de kilomètres sous la surface de la Terre.
Les techniciens creusent un puits profond composé de tuyaux en métal. Ils y injectent ensuite un liquide à très haute pression. Il s'agit souvent d'un mélange d'eau, de solvant (comme du savon) et de sable. Lorsque ce mélange heurte la roche, comme le sirop l'a fait dans la gélatine, il n'a nulle part où aller et fait donc exploser la roche autour du puits. C'est ce qu'il s'est passé quand la gélatine s'est fracturée autour du trou que tu as creusé avec ta paille. Ces fissures permettent aux pores de la roche de s'ouvrir et de libérer le gaz. Une fois ramené à la surface, le gaz (ou le pétrole) est séparé du liquide injecté et traité pour pouvoir être utilisé en cuisine ou dans les usines.

Fig. 2 : Perce six trous tous les 3 à 5 mm avec la punaise.

Fig. 3 : Recouvre cette partie de la paille avec du film plastique.

Fig. 4 : Remplis la seringue avec le sirop d'érable.

5. Prends une autre paille et pose-la le long de ta règle. En partant à 10 mm du bout, transperce-la de part en part de six trous tous les 3 à 5 mm avec la punaise (fig. 2). Si la punaise n'atteint pas l'autre côté, utilise une aiguille ou tourne la paille et perce juste en face des trous déjà réalisés.

6. Recouvre cette partie de la paille avec du film plastique pour éviter les fuites dans les étapes suivantes (fig. 3).

7. Attache l'autre bout de la paille à la seringue avec du ruban adhésif et/ou du film plastique pour bien sceller le joint.

8. Retire le piston de la seringue et remplis-la avec le sirop d'érable (fig. 4). Le sirop doit aussi couler dans la paille. Continue jusqu'à ce que la seringue et la paille soient presque pleines.

Fig. 6 : Observe ce qu'il se produit dans la gélatine.

9. Remets vite le piston dans la seringue pour éviter que le sirop ne déborde. Ce n'est pas grave si quelques gouttes tombent à côté.

10. Retire le plastique autour des trous de la paille, et enfonce cette extrémité dans le puits que tu as foré dans la gélatine.

11. Appuie d'un coup sec sur la seringue pour envoyer rapidement le sirop dans le bloc de gélatine (fig. 5).

12. Observe ce qu'il se produit dans la gélatine et remarque les fractures qui apparaissent (fig. 6). Retire la paille et commence à nettoyer ton plan de travail, ou bien recommence avec un autre bloc de gélatine !

La porosité

Tu as sans doute déjà entendu dire qu'un objet était poreux ? C'est le cas s'il possède des ouvertures qui peuvent piéger des gaz ou des liquides. Ton visage, les éponges, la génoise et donc certains cailloux sont poreux.
Les roches qui se sont formées au fil des millions d'années par l'accumulation de sable et de poussières sont dites « roches sédimentaires ». Pendant leur création, des petites poches d'air sont restées bloquées entre le sable et le sédiment. Certaines roches ont de petites poches, d'autres en ont de beaucoup plus larges : tout dépend des conditions de leur formation. Ces poches sont appelées « pores ». Les roches qui en ont beaucoup ont une porosité élevée. Parfois, des fossiles de plantes ou de petits animaux marins (comme le plancton) sont aussi enfermés dans les roches. Avec le temps, les fossiles se sont dégradés et liquéfiés sous l'effet de la pression : ils se sont alors transformés en gaz et pétrole dans les pores des roches. Ces énergies peuvent se déplacer dans les pores si ceux-ci sont très rapprochés, mais ce n'est pas toujours le cas. Les géologues recherchent donc en priorité les roches les plus poreuses. Il n'est même pas nécessaire que les pores soient grands, il suffit qu'ils soient nombreux !

LABO 20

CHERCHEUR D'URANIUM

DURÉE :
45 minutes

UN COUP DE MAIN ?
Fastoche ! Tu peux facilement réaliser cette activité tout seul, mais pour des questions de sécurité, il peut être préférable de t'entourer d'un ami, voire d'un adulte !

ATTENTION, BAZAR !
Mieux vaut exécuter cette expérience sur une nappe en plastique ou du papier journal, elle peut être salissante.

LA SÉCURITÉ AVANT TOUT :
Tu peux utiliser une cuisinière ou un brûleur pour réaliser cette activité. Sois vigilant quand tu manipules des casseroles ou du verre chaud. Demande à un adulte avant d'utiliser la cuisinière ou un réchaud.

L'uranium est le carburant utilisé dans les centrales nucléaires pour produire de l'électricité. C'est un élément que l'on trouve dans les minerais et la roche, mais, afin de l'utiliser, il faut d'abord le séparer du minerai : c'est ce que l'on appelle la concentration de l'uranium. Ce sera d'ailleurs ton travail dans cette expérience, puisque tu vas devoir séparer le sel du sable et du gravier, comme on le fait pour l'uranium.

MATÉRIEL

- → **Balance de cuisine**
- → **10 g de sable**
- → **10 g de sel**
- → **5 g de graviers ou de petits cailloux**
- → **Saladier ou gobelet en verre**
- → **Passoire fine ou petit morceau de moustiquaire**
- → **Eau**
- → **Filtre à café**
- → **Bécher ou verre doseur**
- → **Cuillères doseuses**
- → **Petite casserole**
- → **Cuillère en métal**

1. Verse le sel, le sable et le gravier dans un saladier et mélange bien. Si tu n'utilises pas les mesures suggérées, note bien les quantités que tu as utilisées. Dans cette expérience, le sel représente l'uranium, tandis que le sable et le gravier sont les déchets.

Fig. 1 : Filtre le mélange de sel, sable et gravier avec une passoire fine.

2. Commence à concentrer l'uranium en filtrant le mélange avec une passoire (fig. 1). Retire les morceaux les plus gros et mets-les de côté.

Fig. 2 : Verse ton mélange eau/minerai dans un filtre à café.

Fig. 3 : Verse ce qu'il te reste dans la casserole.

Fig. 4 : Récupère tous les résidus dans la casserole.

3. Mélange ce que tu as filtré avec 3 à 5 cuillères à soupe d'eau (45 à 75 ml). Mélange bien.

4. Installe un filtre à café sur ton verre doseur ou ton bécher et verse délicatement ton mélange (fig. 2). La matière retenue par le filtre est du minerai. Retire le filtre et les déchets et garde-les de côté.

5. À présent, verse ton eau dans la casserole (fig. 3). Fais-la bouillir jusqu'à ce que toute l'eau s'évapore.

6. Récupère tous les résidus au fond de la casserole ou sur les côtés (fig. 4). Voilà ton uranium ! Quelle quantité en as-tu récupérée ? Utilise la balance pour voir si le poids est équivalent à celui que tu avais mis au début.

ESSAYE ÇA !

Faisons un peu de maths : calcule le pourcentage de matière que tu as récupéré au cours de ce processus de concentration. Tu as commencé avec 25 g de matière au total. Prends la masse d'uranium (le sel) à l'arrivée, divise-la par 25 g et multiplie le résultat par 100 pour trouver le pourcentage d'uranium. Quel est le pourcentage de déchets ?

L'EXPLICATION

Les roches sont des mélanges de matières qui peuvent être séparées. Lorsque nous exploitons certains minerais, nous pouvons trouver des ressources précieuses, comme de l'or, de l'étain, de l'aluminium et de l'uranium !

Pour extraire l'uranium, il faut d'abord apporter les minerais dans une usine où ils seront réduits en poudre. Pour cela, il est possible d'utiliser des produits chimiques qui dissolvent l'uranium et le séparent de la roche, comme tu l'as fait avec le sel et l'eau !

Toutes les mines ne donnent pas la même quantité d'uranium. Certaines sont très fournies, d'autres beaucoup moins, tout dépend du minerai. Une fois que l'uranium est isolé, il est séché et mis en capsule. Ces capsules sont utilisées dans les centrales nucléaires pour produire de l'électricité à travers un processus dit de fission nucléaire.

LABO 21

VIVE LE VENT !

Fig. 6 : Souffle sur ton moulin pour voir si tout fonctionne.

DURÉE :
30 minutes

UN COUP DE MAIN ?
Fastoche ! ou à deux, c'est mieux !

Depuis des siècles, nous tentons de maîtriser la force du vent. L'air qui se déplace peut servir à pomper de l'eau, moudre du grain, pousser les bateaux et générer de l'électricité. Les turbines éoliennes, qui produisent de l'énergie, fonctionnent sur le même principe qu'un moulin à vent. Ici, tu vas justement construire un moulin et découvrir ce que le vent peut faire. Invite des amis et organise un concours de moulins à vent !

MATÉRIEL

- → Crayon
- → Feuilles blanches
- → Ciseaux
- → Perforatrice
- → Gobelet en mousse
- → Paille
- → Marqueur
- → Règle
- → Ruban adhésif
- → Petite paille-touillette
- → Épingles de couture
- → Ficelle
- → Trombones
- → Petite pince à papier
- → Ventilateur

1. Reproduis le modèle de la page 71 au crayon sur une feuille blanche ou photocopie-le.

2. Découpe le carré et coupe le long des lignes en pointillé.

3. Troue la feuille au niveau des cinq points noirs (fig. 1).

4. Pose ton gobelet à l'envers sur ton plan de travail.

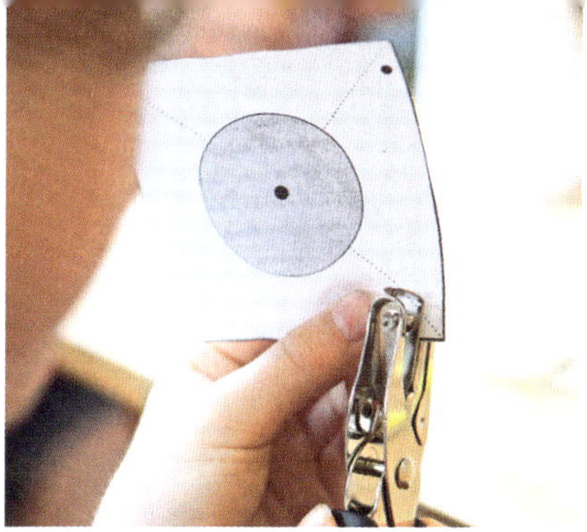

Fig. 1 : Troue la feuille au niveau des cinq points noirs.

Fig. 2 : Coupe et attache un morceau de paille sur le gobelet renversé.

Fig. 3 : Réalise un axe à l'aide d'une paille-touillette. Transperce-la avec une aiguille.

5. Dépose la paille sur le gobelet renversé. Avec un marqueur et une règle, mesure un morceau de paille légèrement plus grand que le diamètre du gobelet. Scotche-le sur le gobelet (fig. 2). C'est la partie qui retiendra l'axe central du moulin.

6. Réalise maintenant l'axe des ailes du moulin avec la paille-touillette. Celle-ci doit mesurer au moins 5 cm de plus que le diamètre du gobelet. Fais une marque à 1 cm du bout de la touillette. Enfonce une épingle à cet endroit (fig. 3). Le petit côté de la touillette représente la partie avant de l'axe.

7. Insère l'avant de l'axe dans le trou central du modèle en papier. La feuille doit reposer contre l'épingle. Replie maintenant les quatre coins sur l'axe en faisant passer la touillette dans les trous pour former les ailes du moulin (fig. 4). Attention à ne pas plier les ailes. Bloque-les en ajoutant une autre épingle à travers la touillette. Utilise du ruban adhésif pour attacher les ailes si l'épingle n'est pas assez serrée.

8. Insère le grand côté de l'axe dans la paille fixée sur le gobelet.

9. Coupe un morceau de ficelle de 40 cm. Attache-la à l'arrière de l'axe (fig. 5) d'un côté, et à un trombone de l'autre côté. Tu dois avoir au moins 30 cm de ficelle entre l'axe et le haut du trombone.

L'EXPLICATION

Le vent est une énergie très puissante ! Dans cette activité, tu as construit un moulin entièrement fonctionnel. Les moulins existent depuis des centaines d'années et servent à pomper l'eau, soulever des objets lourds, moudre des céréales et des pierres, et même à faire tourner des imprimeries ! En 1888, un fermier a remarqué qu'il pouvait produire de l'électricité pour alimenter des appareils chez lui en se servant de son moulin à vent. Sa première turbine possédait 144 pales qui mettaient en actions des courroies, des poulies et un générateur construit par ses soins. Son moulin avait à peu près la même forme que ta maquette. Grâce à cela, il pouvait alimenter plus de 350 ampoules. Pas mal pour la toute première éolienne au monde !

Les éoliennes modernes peuvent être de différentes formes et tailles. On en voit dans les champs, à la montagne et même dans des musées ou des stades. Elles possèdent le plus souvent trois ailes, contre quatre pour les moulins traditionnels. Aujourd'hui, une seule éolienne peut alimenter jusqu'à 1000 foyers !

Fig. 4 : Replie maintenant les quatre coins de la feuille sur l'axe pour former les ailes du moulin.

Fig. 5 : Scotche la ficelle à l'arrière de ton axe.

Fig. 7 : Place le moulin devant un ventilateur pour faire tourner les pales.

10. Accroche une petite pince à papier au bout de ton axe pour l'équilibrer et éviter que la ficelle ne glisse.

11. Pousse l'axe vers l'avant pour que la pince touche la paille. Ajoute une autre épingle à couture dans l'axe à l'avant afin d'éviter que les ailes ne touchent le gobelet en tournant. Souffle sur ton moulin pour voir si tout fonctionne et ajuste-le si besoin (fig. 6).

12. Enfin, place ton moulin devant un ventilateur. Quand les ailes tournent, elles font tourner l'axe qui enroule la ficelle et remonte le trombone (fig. 7). Ajoute d'autres trombones pour voir combien ton moulin peut en soulever.

Essaye ça !

Tu peux imaginer une autre maquette encore plus puissante. Comment pourrais-tu faire pour que le moulin soulève plus de trombones ou des objets plus lourds ? Pourrait-il accomplir d'autres tâches ?

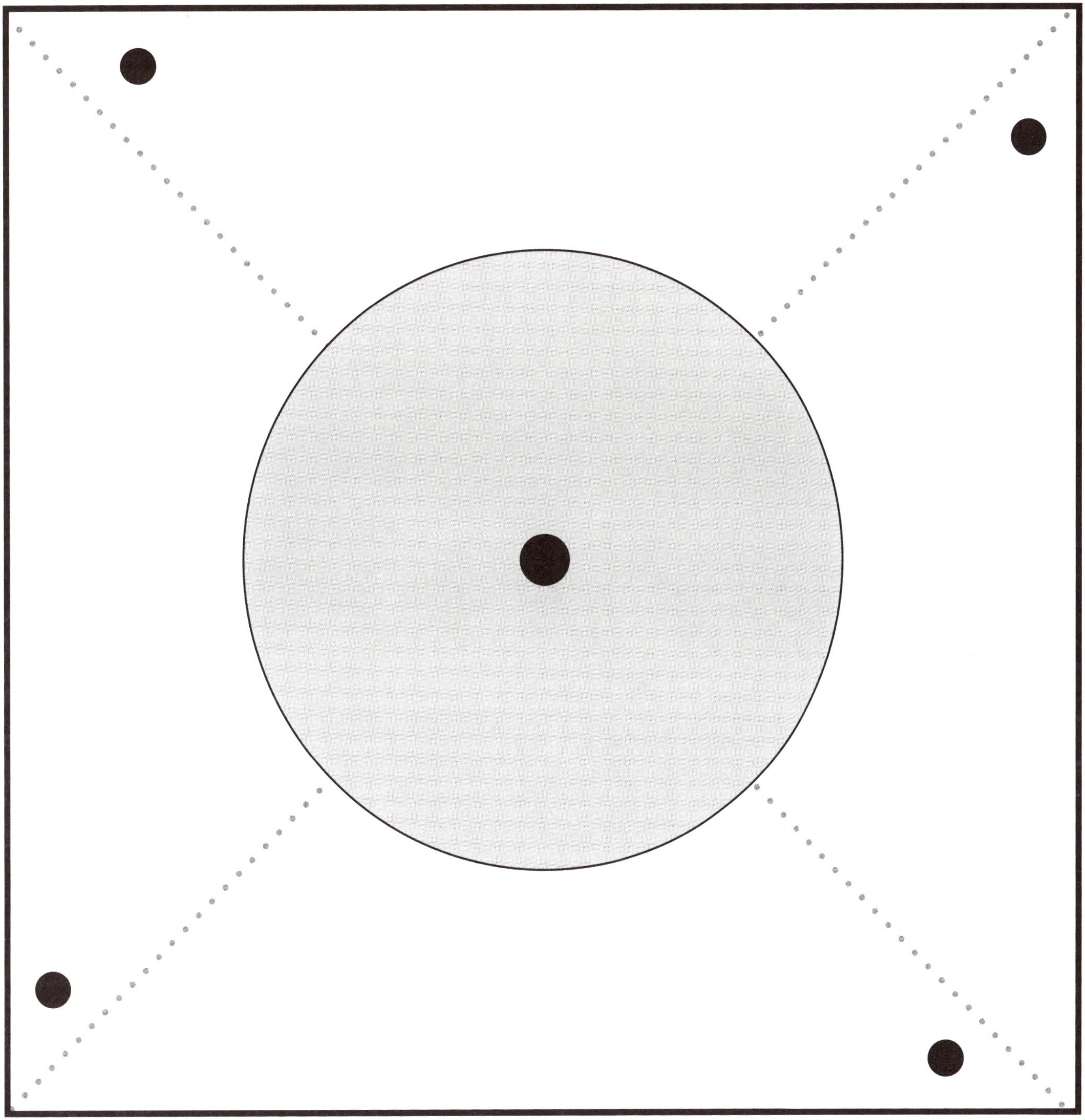

LABO 22

LA GÉOTHERMIE

DURÉE :
45 minutes

UN COUP DE MAIN ?
Fastoche ! Cela dit, c'est plus facile à deux.

ATTENTION, BAZAR !
Réalise cette expérience sur une table de cuisine protégée par une nappe en plastique. Il risque d'y avoir des fuites, donc prévois des torchons ou des serviettes en papier.

LA SÉCURITÉ AVANT TOUT :
Tu vas avoir besoin d'eau chaude pour cette activité. Sois prudent, les éclaboussures pourraient te brûler et l'eau chaude pourrait faire fondre les gobelets et les pailles ! Fais bien attention en versant l'eau à proximité de la couverture chauffante : l'eau et l'électricité ne doivent jamais entrer en contact.

Fig. 4 : Fixe la grande paille en V au fond du plat et place les gobelets en dehors du plat.

La géothermie désigne la chaleur qui vient de la Terre. En effet, le noyau terrestre est très chaud. Cette chaleur irradie à travers les couches de roche qui nous séparent du noyau. À certains endroits, elle est suffisante pour faire fondre la roche et créer du magma, notamment au cœur des volcans ou sous l'eau, auquel cas on peut assister à des geysers d'eau chaude ! À très haute température, l'énergie géothermique peut aussi permettre de créer de l'électricité.
Ces points chauds géothermiques ne sont pas accessibles partout, mais nous pouvons néanmoins exploiter la chaleur constante des sous-sols pour rafraîchir ou réchauffer nos maisons et notre eau. Dans cette expérience, tu vas découvrir comment utiliser l'énergie géothermique pour envoyer le liquide qui passe chez toi sous la terre et le remplacer par du liquide à une température différente !

Fig. 1 : Perce un trou au fond d'un gobelet. Ce sera ton gobelet de drainage.

Fig. 2 : Choisis trois pailles. Attache-les ensemble avec du ruban adhésif.

MATÉRIEL

- → **2 petits gobelets en plastique**
- → **Clou**
- → **Ciseaux**
- → **4 pailles flexibles**
- → **Ruban adhésif**
- → **Pince**
- → **Plat à four de 33 x 23 cm**
- → **Couverture chauffante**
- → **Serviettes en papier**
- → **Torchon**
- → **Thermomètre numérique**
- → **Glaçons**
- → **Eau froide**
- → **Carnet et crayon**
- → **Manique**
- → **Eau chaude**

1. Perce un trou au fond d'un gobelet à l'aide du clou ou des ciseaux. Ce sera ton gobelet de drainage (fig. 1). Perce un trou dans le second gobelet entre 1,5 et 2,5 cm du bord supérieur. Ce sera ton gobelet de récupération.

2. Choisis trois pailles. Comme tu peux le voir, la partie basse, sous le coude, est plus longue que la partie haute. Avec les ciseaux, fais de petites entailles dans la partie basse des trois pailles. Insère la partie incisée d'une paille dans le petit côté non coupé d'une autre, et entoure la jonction de ruban adhésif. Relie les trois pailles de la même manière. Attache ensuite la dernière paille (fig. 2).

3. Insère le petit côté de la première paille dans le trou du gobelet de récupération (fig. 3). Si ta paille touche le côté opposé du gobelet, coupe-la un petit peu. Le coude doit être assez enfoncé pour que l'eau tombe au fond du gobelet sans risquer de couler le long de la paille. Utilise du ruban adhésif autour du trou pour fixer la paille si nécessaire.

4. Insère l'autre côté de ta paille géante dans le gobelet de drainage. Si besoin, utilise une pince pour faire passer la paille dans le trou et scotche l'ouverture pour la maintenir en place.

Fig. 3 : Insère le petit côté de la première paille dans le trou du gobelet de récupération que tu as percé à l'étape 1.

5. Plie le coude de la paille qui sort du gobelet de drainage. Plie aussi la paille suivante. Pose-les à plat pour former un V et maintenir le gobelet de drainage en l'air. Scotche les pailles au fond d'un plat de cuisson, en plaçant bien les gobelets en dehors du plat (fig. 4). Le gobelet de drainage sera surélevé par rapport à ton plan de travail, mais le gobelet de récupération doit être posé sur la table. Fixe les pailles avec du ruban adhésif pour que ton installation tienne bien.

6. Allume ta couverture chauffante à puissance maximale et mets-la sous ton plat. *N.B.* : Veille à ce que la couverture ne soit jamais sous les gobelets. Dispose des serviettes en papier sous les gobelets pour absorber d'éventuelles fuites.

7. Place un torchon sur les pailles dans le plat. Attends 10 minutes que la couverture chauffe.

8. Verse de l'eau froide dans le gobelet de drainage. Mesure la température avec le thermomètre (fig. 5) et note-la.

9. L'eau devrait commencer à tomber dans le gobelet de récupération. Mesure la température de cette eau (fig. 6). La température est-elle différente ? Retire les pailles des gobelets et jette l'eau. Vide aussi les pailles. Débranche la couverture et range-la.

10. Maintenant, essayons la réaction inverse ! Fais chauffer de l'eau à 38 °C maximum. N'utilise pas d'eau plus chaude.

11. Vérifie que les pailles sont bien fixées au plat et dans les gobelets avec du ruban adhésif. Remplis le plat avec des glaçons et recouvre-le d'un torchon.

12. Verse l'eau chaude dans le gobelet de drainage et mesure la température. Note-la dans ton carnet.

13. Prends aussi la température de l'eau à la sortie, dans le gobelet de récupération. Vois-tu une différence ?

Fig. 5 : Verse de l'eau froide dans le gobelet de drainage. Mesure la température.

Fig. 6 : Mesure la température de l'eau dans le gobelet de récupération.

L'EXPLICATION

L'énergie géothermique de la Terre peut réchauffer et refroidir d'autres substances grâce au phénomène de conduction. Dans les centrales géothermiques à haute température, un conduit réchauffe un bassin d'eau pour créer de la vapeur. Cette vapeur sert ensuite à produire de l'électricité. Dans certaines régions du monde, comme en Islande ou en Californie, on trouve des points chauds géothermiques, où cette vapeur se forme naturellement. Mais même ailleurs, on remarque que la température du sous-sol est relativement stable à seulement un ou deux mètres de profondeur grâce à l'énergie géothermique !

À la surface, la température du sol change en fonction de la météo de la journée. En hiver ou dans les régions froides, on peut utiliser un échangeur thermique pour pomper de l'air ou de l'eau dans le sous-sol. Ce fluide sera plus chaud que l'air ou l'eau à la surface et créera, par conduction, de la chaleur pour rendre notre maison plus confortable. C'est ce que tu as vu dans la première partie de l'activité. En faisant circuler de l'eau froide dans une partie plus chaude, l'eau qui ressort du système s'est réchauffée.

En été ou dans les régions chaudes, l'air à la surface est sans doute plus chaud que celui qui se trouve dans le sous-sol. Les échangeurs thermiques peuvent aussi rafraîchir nos foyers. En faisant circuler de l'eau chaude dans un environnement plus frais se trouvant sous la surface, on peut le refroidir, comme tu l'as vu dans la seconde partie de l'expérience.

LABO 23

FOUR SOLAIRE

DURÉE :
1 heure ou plus (temps de préparation et de cuisson)

UN COUP DE MAIN ?
À deux, c'est mieux ! C'est toujours plus sympa de cuisiner avec un ami. Tu peux même faire une compétition pour voir qui construit le four le plus efficace.

LA SÉCURITÉ AVANT TOUT :
Réfléchis bien aux aliments que tu veux faire cuire dans ton four solaire. Choisis des ingrédients qui ne risquent pas de te rendre malade s'ils ne sont pas assez cuits. Utilise un thermomètre à four pour vérifier que ta nourriture a correctement chauffé.

L'énergie rayonnante du soleil voyage jusqu'à la Terre sous forme de lumière. Si tu captures cette lumière et la transformes en chaleur, tu peux construire un four. As-tu déjà oublié un bonbon dans la voiture par une chaude journée d'été ? Alors tu vois de quoi nous parlons. Dans cette activité, tu vas créer ton propre four solaire à utiliser par une belle journée ensoleillée.

MATÉRIEL

- **Petite boîte de pizza en carton**
- **Marqueur**
- **Règle**
- **Ciseaux**
- **Aluminium**
- **Film plastique**
- **Ruban de masquage**
- **Feuille cartonnée noire**
- **Assiette en carton (foncée si possible)**
- **Brochette en bois**
- **Thermomètre à four (facultatif)**
- **Aliments à cuire (pâte à gâteau, biscuits salés et fromage râpé, carotte)**

Fig. 5 : Emporte ton four solaire à l'extérieur.

1. Sur ta boîte à pizza, dessine un carré à 2,5 cm des bords.

2. Utilise tes ciseaux pour couper le long des lignes sur trois côtés. Laisse l'arrière attaché pour former un rabat (fig. 1).

3. Fixe une feuille d'aluminium à l'intérieur du rabat (fig. 2). La partie brillante de l'alu doit être tournée vers le bas afin de refléter la lumière du soleil vers la boîte. Étire bien l'aluminium pour enlever les plis.

Fig. 1 : Coupe le long des lignes sur trois côtés et laisse l'arrière attaché pour former un rabat.

Fig. 2 : Fixe une feuille d'aluminium à l'intérieur du rabat.

L'EXPLICATION

L'énergie rayonnante du Soleil voyage vers la Terre et atteint ton four sous forme de lumière. Le rabat brillant, enveloppé d'aluminium, permet de capter encore plus de lumière à différents angles et de la renvoyer vers l'intérieur du four. La lumière traverse le film plastique transparent et est absorbée par la nourriture et le fond en papier cartonné. Les aliments et le papier transforment la lumière en chaleur, c'est-à-dire en énergie thermique.
En laissant le four au soleil, la quantité de lumière transformée en chaleur augmente, mais cette chaleur ne peut pas ressortir, elle est piégée par le film plastique ! L'énergie thermique s'accumule et se fait absorber par les aliments, ce qui les fait cuire. Tu te doutes que cette activité est très efficace en plein été, mais elle peut aussi fonctionner sous le soleil d'hiver. Cela prendra sans doute un peu plus longtemps, mais la lumière sera transformée en énergie thermique de la même manière.

ESSAYE ÇA !

Isole ton four en plaçant du papier journal, du papier à bulles ou du coton dans le périmètre intérieur de la boîte. Ces matériaux occupent l'espace vide et piègent plus de chaleur dans le four ! Tes aliments cuisent-ils plus vite ?

Fig. 3 : Installe du film plastique sur l'ouverture du couvercle.

Fig. 4 : Fixe la feuille cartonnée noire au fond de ta boîte.

4. En laissant le rabat ouvert, installe du film plastique sur l'ouverture du couvercle (fig. 3). Attache le film avec du ruban de masquage.

5. Ouvre complètement le carton. Ajoute une couche de film plastique à l'intérieur du couvercle pour colmater les éventuelles fuites d'air.

6. Fixe la feuille cartonnée noire au fond de ta boîte (fig. 4).

7. Prépare tes ingrédients dans une assiette en carton. Des assiettes de couleur foncée absorberont mieux la lumière. Emporte ton assiette, la brochette, le ruban adhésif, le thermomètre et ta boîte à l'extérieur (fig. 5).

Fig. 6 : Trouve une surface bien plate en plein soleil.

Fig. 7 : Garde le rabat avec l'aluminium relevé pour refléter la lumière.

8. Trouve une surface bien plate en plein soleil (fig. 6). Dépose tes ingrédients dans ton four avec le thermomètre et ferme le couvercle, tout en laissant le rabat avec l'aluminium relevé pour refléter la lumière (fig. 7). Attache la brochette au rabat réflecteur afin de le maintenir ouvert. Dirige ton four directement vers le soleil pour que les rayons frappent le rabat et se reflètent sur tes ingrédients.

9. Laisse le four chauffer et cuire ton goûter. Selon ce que tu fais cuire et l'endroit où tu habites, ton plat sera chaud en quelques minutes ou en quelques heures. Vérifie ta préparation toutes les cinq ou dix minutes. Pense à ajuster la position de ton four et du rabat en fonction de l'emplacement du soleil. C'est prêt (fig. 8) ? Bon appétit !

Fig. 8 : Bon appétit !

LABO 24

SAC DE BIOMASSE

Fig. 1 : Rentre chez toi et ajoute quelques restes de repas.

DURÉE :
15 minutes, plus quelques minutes chaque jour pendant une semaine ou deux

UN COUP DE MAIN ?
Fastoche !

MATÉRIEL

- **Sachet plastique refermable**
- **Déchets de jardin (feuilles, herbe coupée, etc.)**
- **Restes de repas (feuilles de salade, croûte de pizza, etc.)**
- **Sachet de levure en poudre**
- **Eau**
- **Appareil photo ou téléphone**
- **Carnet et crayon**

La biomasse est l'énergie provenant des matières organiques : le bois, les déchets, les déjections animales, le gaz de décharge et les cultures en font tous partie. En revanche, ces éléments doivent nécessairement être brûlés, fermentés ou décomposés pour fournir de l'énergie. Dans cette expérience, tu vas fabriquer de la biomasse dans un petit sac !

1. Ouvre ton sachet. À l'intérieur, dépose des résidus du jardin ou cueille des feuilles, des fleurs et de l'herbe.

2. Rentre chez toi et ajoute quelques restes de repas. Évite la viande et privilégie les légumes, les fruits ou même des bouts de pain. Veille à ne pas trop remplir ton sachet (fig. 1).

3. Ajoute une pincée de levure dans le sachet (fig. 2).

4. Verse quelques gouttes d'eau pour que le mélange soit humide.

5. Vide tout l'air du sachet avant de le fermer (fig. 3). Prends-le en photo et note tout ce que tu peux voir pour cette première journée.

6. Place le sachet dans un lieu chaud, par exemple près d'une fenêtre, et laisse-le là pendant au moins une semaine (fig. 4). Prends une photo chaque jour et analyse ce que tu vois dans le sachet.

Fig. 2 : Ajoute une pincée de levure dans le sachet.

Fig. 3 : Vide tout l'air du sachet avant de le fermer.

Fig. 4 : Place le sachet dans un lieu chaud, par exemple près d'une fenêtre.

Voiture à la friture

Le biodiesel et l'éthanol sont des carburants fabriqués à partir de la biomasse. L'éthanol est créé en fermentant du maïs, de l'herbe ou de la canne à sucre, ce qui donne un liquide qui peut alimenter les véhicules. L'éthanol est parfois mélangé à l'essence et certaines voitures peuvent rouler avec 85 % d'éthanol. On s'en sert même pour les voitures de course ! Le biodiesel est un carburant fabriqué à partir d'huiles végétales ou de graisses animales. Comme l'éthanol, on le mélange au pétrodiesel ou on l'utilise pur dans les voitures, les camionnettes ou même les camions-bennes et les bus. Il est possible de faire son propre biodiesel en récupérant l'huile de friture et la graisse des restaurants !

L'EXPLICATION

La biomasse provient des êtres qui ont été autrefois vivants, qui tiraient eux-mêmes leur énergie du soleil. Les plantes poussent grâce à la photosynthèse, un processus au cours duquel elles transforment la lumière en nutriments. Pour libérer l'énergie stockée, nous devons brûler les plantes et le bois.

La biomasse se décompose avec le temps. Ce faisant, elle dégage une odeur caractéristique. Il est possible de piéger les gaz qui se dégagent de la décomposition et de les brûler pour faire de l'énergie. C'est ainsi que les décharges produisent de l'énergie : en récupérant les gaz des poubelles qui pourrissent !

Dans ton sachet plastique, tu as observé cette décomposition. En ajoutant de la levure à la matière organique, tu as créé un processus que l'on appelle fermentation. La levure, un champignon, contribue à dégrader la biomasse et à la convertir en alcool et en gaz. C'est de cette manière, quoiqu'à une échelle bien plus grande, que l'on fabrique l'éthanol.

As-tu remarqué que ce que tu as ramassé évoluait dans le sachet, et que ce dernier se gonflait ? C'est la fermentation et la décomposition ! La chaleur accélère ces phénomènes, c'est pourquoi tu as gardé le sachet dans un lieu chaud.

LABO 25

LE BARRAGE BOUTEILLE

Fig. 5 : Relève la bouteille dans la bassine en dirigeant les trous vers l'intérieur du contenant.

DURÉE :
20 minutes

UN COUP DE MAIN ?
À deux, c'est mieux !

ATTENTION, BAZAR !
Il est préférable de réaliser cette expérience à l'extérieur ou dans la cuisine, car ça peut devenir glissant !

L'énergie hydraulique provient de la force de l'eau en mouvement. En général, nous exploitons cette énergie dans les rivières. Un barrage est construit pour bloquer l'eau et créer un réservoir afin de concentrer le courant vers une turbine reliée à un générateur. Le niveau d'eau dans le réservoir a-t-il une influence sur l'énergie produite ? Dans cette activité, tu vas voir comment la profondeur de l'eau et le débit sont liés au sein d'un barrage hydraulique.

MATÉRIEL

- → **Bouteille en plastique lisse de 2 litres avec bouchon**
- → **Bassine**
- → **Marqueur et règle**
- → **Punaise**
- → **Eau**
- → **Chatterton**
- → **Serviettes en papier**
- → **Carnet et crayon**

1. Retire l'étiquette de la bouteille et assure-toi qu'elle est bien sèche.

2. Positionne la règle dans la bassine et fais des marques tous les 2,5 cm sur toute la longueur.

3. Dépose la bouteille dans la bassine. Avec la règle, marque la bouteille à 5, 10, 15 et 20 cm en partant du bas (fig. 2).

4. Utilise ta punaise pour percer la bouteille sur les marques (fig. 3). Bouche chaque trou avec un morceau de chatterton (fig. 4).

5. Remplis la bouteille avec de l'eau jusqu'à la marque des 20 cm. Ferme le bouchon pour éviter que l'eau se renverse.

Fig. 1 : Fais des marques tous les 2,5 cm sur toute la longueur de la bassine.

Fig. 2 : Marque la bouteille tous les 5 cm en partant du bas.

Fig. 3 : Utilise ta punaise pour percer la bouteille sur les marques.

Fig. 4 : Bouche les trous avec du chatterton.

6. Relève la bouteille dans la bassine en dirigeant les trous vers l'intérieur de la bassine (fig. 5). Retire le chatterton sur la marque des 5 cm. Comment sort l'eau ? Note la distance dans ton carnet.

7. Avec le bouchon fermé, referme le trou avec du chatterton, puis remplis à nouveau la bouteille jusqu'à 20 cm. Replace la bouteille dans la bassine.

8. Recommence les étapes 6 et 7 pour un total de trois essais.

9. Sèche l'extérieur de la bouteille et rebouche le trou. Suis les étapes 5 à 8 pour les trois autres marques, en faisant trois essais à chaque fois. À quel niveau l'eau sort-elle avec la plus grande force ?

L'EXPLICATION

Les centrales hydroélectriques sont généralement adossées à un barrage pour retenir l'eau. Si tu as déjà vu un barrage, tu as généralement observé que l'eau s'écoulait de l'autre côté. Cet effet est indispensable, comme tu l'as constaté dans cette expérience. Sur un barrage, l'eau est canalisée du réservoir vers une turbine dans un tuyau qu'on appelle conduite forcée. Cette conduite est inclinée pour que l'eau s'écoule rapidement vers le bas.

Le barrage permet de garantir que le débit de l'eau est suffisamment important. S'il y a beaucoup d'eau en amont, il y aura plus de force, ce qui fera tourner les turbines plus vite et produira plus d'électricité dans le générateur.

Comme tu l'as constaté, l'eau s'écoule moins vite depuis le trou le plus haut, alors que le débit est très important avec le trou à 5 cm. Les barrages sont conçus pour exploiter ce phénomène. Ils sont aussi construits de manière à ce que le niveau d'eau reste stable pour que le débit soit le plus fort possible.

UNITÉ 04

L'UTILISATION DE L'ÉNERGIE

IMAGINE LA QUANTITÉ D'ÉNERGIE QUE TU UTILISES CHAQUE JOUR. Tu te réveilles au son d'une alarme alimentée par l'électricité, tu charges ton téléphone, tu prends une douche avec de l'eau chauffée à l'électricité ou au gaz naturel, tu prends ton petit déjeuner et tu pars à l'école en transports en commun. Et encore, cela ne représente qu'une fraction de ta dépense d'énergie quotidienne. Dans le monde occidental, nous dépensons en moyenne autant d'énergie que peut en contenir un bidon de 20 à 30 litres d'essence par jour !

Il existe de nombreuses manières d'utiliser l'énergie. Une grande partie de ce que nous consommons part dans les déplacements, qu'il s'agisse de nos voitures, des transports en commun ou encore du transport des biens que nous consommons entre les usines et les magasins. L'autre grosse dépense concerne notre consommation d'électricité, qui nous sert à alimenter téléphones portables, ordinateurs, téléviseurs, réfrigérateurs, lumières, etc. Le reste de l'énergie utilisée nous aide à vivre confortablement, pour produire de la chaleur ou des objets. Les activités de ce chapitre t'aideront à mieux comprendre comment nous consommons et utilisons l'énergie au quotidien, et comment transformer le vent, le pétrole ou la biomasse pour en faire de l'énergie.

Dans le labo 29, tu produiras de la lumière grâce à un circuit fermé ! →

LABO 26

BRETZELS À TOUT-VA

DURÉE :
30 minutes

UN COUP DE MAIN ?
Appel général ! Cette activité est bien plus amusante avec quelques amis. D'ailleurs, ils pourront te donner un bon coup de main pour la seconde partie.

Nous utilisons de grandes quantités d'énergie tous les jours, ne serait-ce que pour nous rendre d'un point A à un point B. La plupart des véhicules roulent grâce à des dérivés du pétrole, comme l'essence et le diesel. Certains sont plus efficaces et nous permettent d'aller plus loin avec la même quantité de carburant. La consommation est calculée en fonction du nombre de litres utilisés pour parcourir cent kilomètres. Dans cette activité, tu vas voir comment évaluer l'efficacité d'un véhicule en essayant de « faire le tour de la ville » avec quelques litres d'essence !

Fig. 4 : Demande aux participants de te rejoindre au point de départ avec leur carte et leur sachet de bretzels.

Fig 1 : Mets dix bretzels dans un sachet refermable.

Fig. 2 : Prends ta pancarte « Maison » et accroche-la au point de départ.

MATÉRIEL

- → **Bretzels**
- → **Sachet plastique refermable**
- → **Papier cartonné**
- → **Marqueur**
- → **Ruban adhésif**
- → **Cartes de visite (80 x 126 mm)**
- → **Connexion Internet**

1. Mets dix bretzels dans un sachet refermable. Prépare un sachet par participant (fig. 1).

2. Réalise trois pancartes sur du papier cartonné : l'une indiquant « Maison », une autre « Centre-ville » et une dernière « Bout de la ville ».

3. Installe-toi dans un grand espace à l'extérieur. Prends ta pancarte « Maison » et accroche-la à un endroit qui constituera ton point de départ (fig. 2). Déplace-toi de 50 pas (compte en collant le talon aux orteils) et accroche ta pancarte « Centre-ville » de manière à ce que tous les participants puissent la voir. Avance encore de 50 pas et accroche ta dernière pancarte bien en vue. Le « bout de la ville » doit se trouver à 100 pas de ta « maison ». Ne dis à personne quelle distance sépare les pancartes !

4. Donne une carte de visite à chaque participant et dis-leur de se rendre sur le site http://carlabelling.ademe.fr. Tout le monde doit choisir une voiture et écrire sur sa carte le nom du modèle, l'année, la consommation, le type de carburant et le nombre de passagers qu'elle peut embarquer (fig. 3). Si tu choisis une voiture à carburant modulable (VCM), sélectionne un type de carburant seulement (essence ou E85) et note la consommation.

L'EXPLICATION

Chaque véhicule est capable de réaliser une quantité de travail spécifique en fonction de sa charge et de la manière dont il a été construit. La quantité de travail est liée à la quantité d'énergie que la voiture utilise, autrement dit la quantité de carburant qu'elle consomme. Ces dernières années, la technologie a progressé et permet aux véhicules de rouler plus longtemps avec moins d'essence. Les camions et les SUV consomment plus parce qu'ils sont généralement plus grands et plus lourds.

Les voitures familiales et citadines, au contraire, consomment moins d'essence, parce qu'elles sont justement plus petites et plus légères. Les voitures de sport ou de luxe sont construites avec des matériaux haut de gamme et sont donc aussi légères, mais elles possèdent des moteurs très puissants. Leur but est d'aller très vite, ce qui augmente la consommation. Pour choisir un véhicule, tu dois donc faire attention à son look, mais aussi à son prix, ses fonctionnalités et sa consommation. Si tu voyages beaucoup, tu risques de dépenser beaucoup plus d'argent en choisissant une voiture gourmande.

Les voitures hybrides ou électriques sont généralement très économes, mais elles ont un inconvénient : les batteries doivent être rechargées régulièrement. Si tu choisis une voiture électrique, pense à vérifier l'autonomie de la batterie.

Fig. 3 : Demande à chaque participant de choisir une voiture et d'écrire le nom du modèle, l'année, la consommation, le type de carburant et le nombre de passagers.

5. Demande aux participants de te rejoindre au point de départ avec leur carte et leur sachet de bretzels (fig. 4). Dis-leur bien d'attendre avant de commencer à grignoter !

6. Chaque personne doit essayer de faire l'aller-retour entre la maison et le centre-ville en n'utilisant que 5 litres d'essence. Chaque bretzel représente un litre et chaque pas (talon-orteil) représente un kilomètre. Les participants doivent avancer du nombre de pas correspondant à la consommation de la voiture décrite sur leur carte. L'objectif est de faire l'aller-retour sans dépasser les 5 litres de carburant.
Exemple : Si ta voiture a une consommation de 7 litres aux 100, cela signifie que tu ne pourras pas rejoindre le point de départ en mangeant seulement cinq bretzels. Te reste-t-il de l'essence ? Tu vas encore en avoir besoin !

Fig. 5 : Une fois que tous les participants ont mangé leurs cinq bretzels, regarde autour de toi. Toutes les voitures ont-elles réussi à revenir à la maison ?

7. Une fois que tous les participants ont mangé leurs cinq bretzels (et donc consommé cinq litres), regarde autour de toi. Toutes les voitures ont-elles réussi à revenir à la maison (fig. 5) ? Y a-t-il des points communs entre les voitures qui ont fait l'aller-retour et celles qui se sont arrêtées en chemin ? Certaines voitures ont-elles utilisé moins de cinq bretzels ?

8. Demande à tout le monde de revenir au point de départ. Cette fois, il va falloir aller de la maison à l'autre bout de la ville et revenir. Est-ce possible avec les bretzels qu'il te reste ? Ceux qui n'arriveront pas à destination peuvent-ils faire du covoiturage ? Faites un groupe pour partager l'essence, mais attention à ne pas dépasser la capacité maximale de la voiture, vous encourrez une amende !

LABO 27

ÉLECTROMAGNÉQUOI ?

DURÉE :
30 minutes

UN COUP DE MAIN ?
Fastoche !

LA SÉCURITÉ AVANT TOUT :
Ton installation peut devenir très chaude ! Sois prudent, et si tu sens que le fil ou la pile commencent à chauffer, détache immédiatement le fil de la pile et laisse le tout refroidir avant de continuer l'expérience. Veille à bien éloigner le fil de la pile quand tu as fini. Si l'extrémité du fil n'est pas exposée, demande à un adulte d'utiliser une pince et de dénuder 1,5 à 2,5 cm.

Fig. 5 : Soulève les trombones avec la pointe du clou.

Serais-tu perdu sans électricité ? Essaye de penser à toutes les choses que tu peux faire simplement en appuyant sur un bouton ou en branchant un appareil. L'électricité n'existerait pas sans quelques éléments, notamment des aimants, des métaux et du mouvement. D'ailleurs, l'électricité et le magnétisme sont étroitement liés. Dans cette activité, tu vas faire des expériences avec ces deux éléments et voir comment ils interagissent pour nous permettre de faire des choses cool !

MATÉRIEL

- **90 cm de fil de cuivre avec isolant (diamètre 0,6 mm), extrémités dénudées**
- **Boussole**
- **Gros clou en acier**
- **Pile de 9 volts**
- **Trombones en aluminium**

1. Passe le fil au-dessus de la boussole (fig. 1). Vois-tu l'aiguille bouger ?

2. Enroule le fil autour du clou. Fais dix tours pour qu'il ressemble à un ressort. Évite que les boucles se touchent ou se superposent (fig. 2).

3. Attache les extrémités du fil à la pile en les entourant autour des pôles métalliques (fig. 3).

4. Passe la boussole près du clou (fig. 4). Vois-tu l'aiguille bouger ? Qu'indique-t-elle ? Qu'as-tu fait avec le clou ?

5. Dépose un tas de trombones sur la table. Rapproche la pointe du clou et essaye de les soulever. Que vois-tu (fig. 5) ?

Fig. 1 : Passe le fil sur la boussole.

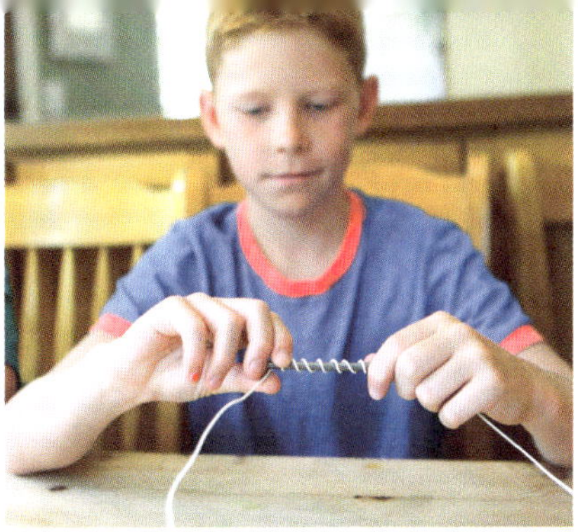

Fig. 2 : Enroule le clou au milieu du fil. Fais dix tours.

Fig. 3 : Attache les extrémités du fil à la pile.

Fig. 4 : Rapproche le clou de la boussole.

6. Détache le fil de la pile.

7. Rapproche le clou de la boussole. L'aiguille bouge-t-elle encore ? Dans la même direction ? Essaye en touchant la boussole avec le fil seulement.

8. Pose le clou sur les trombones et soulève-le. Les trombones restent-ils collés cette fois ? Essaye avec le fil seulement.

Essaye ça !

Trouve des solutions pour soulever encore plus de trombones.
Que pourrais-tu changer dans ton installation pour en faire un électro-aimant plus puissant ?

L'EXPLICATION

Une boussole renferme une aiguille magnétique. Celle-ci t'indique la direction dans laquelle tu avances parce que son champ magnétique réagit avec celui de la Terre. Les champs magnétiques sont créés par de minuscules électrons en mouvement !
Les piles génèrent de l'électricité lorsqu'elles sont intégrées dans une boucle avec du fil. Les électrons sortent de la pile, car les produits chimiques réagissent avec le métal pour faire de l'électricité. En circulant dans le fil, cette électricité fait tourner les électrons et produit un champ magnétique. À son tour, le champ magnétique du fil fait tourner les électrons du clou de la même manière, ce qui le rend aimanté ! C'est pour cette raison que tu as pu attraper des trombones avec ton clou et faire bouger l'aiguille de la boussole.
Tu as peut-être réussi à soulever encore des trombones avec le clou une fois celui-ci détaché de la pile : c'est parce qu'il est aimanté de façon permanente ! Par contre, l'effet est moins prononcé avec le fil.

LABO 28

NOUVELLE GÉNÉRATION

L'électricité et le magnétisme travaillent de concert. Cette relation a permis de créer un appareil très important appelé générateur. Fabrique ton propre générateur et observe comment les aimants, le mouvement et un fil en métal peuvent produire de l'électricité !

DURÉE :
1 heure

UN COUP DE MAIN ?
À deux, c'est mieux !

LA SÉCURITÉ AVANT TOUT :
Fais bien attention en coupant le carton et en perçant des trous avec les clous. Cette maquette produit un courant à faible voltage ; il n'y a donc aucun risque de se prendre un « coup de jus ».

Fig. 9 : Enroule le fil sur l'ampoule et fais tourner le clou.

Fig. 1 : Fais des marques sur le carton aux dimensions indiquées.

Fig. 2 : Incise délicatement le carton sur les lignes afin de pouvoir le plier plus facilement.

Fig. 3 : Enroule le fil magnétique autour de la boîte dans le sens des aiguilles d'une montre.

MATÉRIEL

- → **Carton de 8 cm x 30 cm**
- → **Règle**
- → **Marqueur**
- → **Ciseaux bien coupants**
- → **Punaise**
- → **Long clou**
- → **2 aimants en céramique**
- → **Bobine de fil magnétique (0,2 mm de diamètre)**
- → **Papier de verre**
- → **Ampoule à LED**
- → **Ruban de masquage**
- → **Colle ou pistolet à colle**

1. Coupe le carton aux dimensions indiquées ci-dessous. Utilise la règle pour mesurer et faire des marques (fig. 1). En partant du coin en haut à gauche, fais une première marque à 5,4 cm, puis une autre à 4,4 cm de là. Avance ensuite de 5,4 cm encore, fais une marque à 4,7 cm et termine avec un dernier trait à 5,4 cm de là. Marque également le bas du carton, puis relie les marques pour tracer des rectangles.

Exemple :

← 5,4 cm → **1** ← 5,4 cm →	← 4,4 cm → **2** ← 4,4 cm →	← 5,4 cm → **3** ← 5,4 cm →	← 4,7 cm → **4** ← 4,7 cm →	← 5,4 cm → **5** ← 5,4 cm →	Excédent de carton

2. Coupe la marge qu'il reste, mais garde-la de côté, tu en auras besoin plus tard. Numérote tes cases de 1 à 5.

3. Dans les cases 2 et 4, fais une marque à 2,2 cm du coin gauche, et à 4 cm vers le bas. C'est là que tu devras planter un clou. Insère la punaise dans les marques et fais-la passer au travers pour agrandir les trous. Ceux-ci doivent être un peu plus grands que le clou pour que le carton puisse tourner librement.

Fig. 4 : Maintiens le fil avec du ruban de masquage.

Fig. 5 : Empile les deux aimants sur leur largeur.

4. Avec les ciseaux et la règle, incise délicatement le carton sur les lignes afin de pouvoir le plier plus facilement (fig. 2). Attention à ne pas couper entièrement le carton. En commençant par la première case, replie le carton pour former une boîte en superposant la case 5 sur la case 1. Place un aimant dans la boîte. S'il ne rentre pas, élargis-la un peu. Quand c'est fait, enveloppe la boîte de ruban de masquage.

5. Coupe six morceaux de ruban de masquage de 5 à 7 cm chacun et garde-les à portée de main.

6. En gardant 20 cm de fil qui pend, commence à enrouler le fil magnétique autour de la boîte en tournant dans le sens des aiguilles d'une montre et en commençant à environ 2,5 cm sous le trou (fig. 3). Scotche le premier tour, puis enroule le fil encore

Fig. 6 : Enfonce le clou par les trous, en passant entre les deux aimants.

Fig. 7 : Frotte les extrémités du fil magnétique.

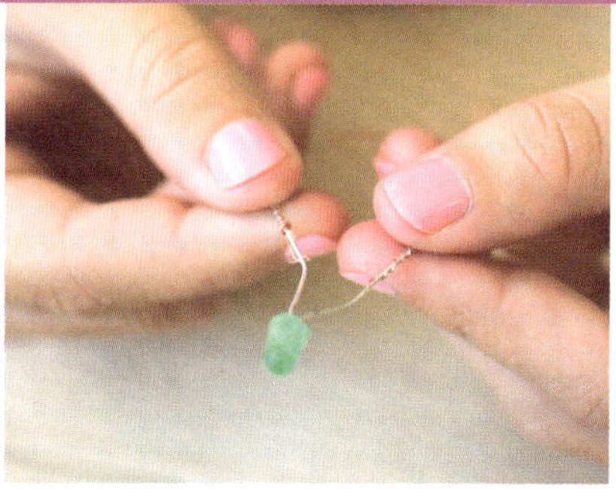

Fig. 8 : Enroule le fil sur l'ampoule.

200 fois dans cette zone sous le trou. Attention à ne pas trop serrer, tu risquerais d'écraser la boîte, mais veille à ce que le fil soit bien collé. *Ne coupe pas* le fil. Utilise un morceau de ruban de masquage pour maintenir les 200 tours de fil sous le trou.

7. Étire le fil au-dessus du trou (ne le coupe toujours pas) et scotche-le. Continue à enrouler toujours dans le même sens au-dessus du trou et fais 200 tours. Encore une fois, le fil doit être bien serré, mais sans couvrir les trous. Maintiens-le avec du ruban adhésif (fig. 4).

8. Laisse 20 cm de fil dépasser du dernier tour au-dessus du trou. Tu dois donc avoir deux « queues » qui dépassent de chaque côté de la boîte, une au-dessus du trou et l'autre en dessous. Tu peux maintenant couper la bobine.

9. Empile les deux aimants sur leur largeur (fig. 5). Place un morceau de carton de 2 cm d'épaisseur entre les deux pour les espacer et vérifie que le clou peut passer au milieu. Attache les aimants avec du ruban adhésif pour qu'ils soient bien tenus pendant qu'ils tournent.

10. Tiens les aimants dans la boîte et enfonce un clou par un trou, en passant entre les deux aimants et en ressortant de l'autre côté de la boîte (fig. 6). Fais pivoter le clou pour vérifier que l'ensemble peut se déplacer librement.

11. Avec du papier de verre, frotte les extrémités du fil de manière à faire disparaître la couleur (fig. 7). Enroule le fil sur l'ampoule (fig. 8). Fais tourner le clou (fig. 9). Parviens-tu à allumer l'ampoule ? Que se passe-t-il si tu tournes plus vite ou plus lentement ?

L'EXPLICATION

Le métal renferme une charge électrique qui n'est pas immobile ; elle peut se déplacer. Lorsqu'un fil métallique est enroulé près d'un champ magnétique, cette charge (les électrons) essaye de se déplacer. Et lorsque les aimants du générateur tournent aussi, les électrons du fil essayent d'en faire de même. Or, l'électricité n'est rien d'autre qu'une masse d'électrons en mouvement !
Lorsque les fils sont connectés à un appareil, comme une ampoule, dans une boucle fermée, les électrons peuvent arriver jusqu'à l'ampoule, l'allumer et revenir. Si tu arrêtes de tourner les aimants, les électrons ne se déplacent plus et l'ampoule s'éteint. C'est ainsi que fonctionne un générateur. Crois-le ou non, mais les générateurs des centrales électriques fonctionnent exactement de la même manière. Bien sûr, ils sont beaucoup plus grands, avec des bobines plus épaisses et des aimants bien plus puissants. Lorsque l'ensemble se met en mouvement, tu produis de l'électricité !

LABO 29

QUE LA LUMIÈRE SOIT !

DURÉE :
5-20 minutes

UN COUP DE MAIN ?
Fastoche !

LA SÉCURITÉ AVANT TOUT :
Sois prudent : quand l'aluminium touche la pile, il peut devenir très chaud.

Nous consommons de l'énergie pour créer de l'électricité qui sert, à son tour, à alimenter les objets que nous utilisons tous les jours. Notre électricité est produite soit par un générateur, soit par une batterie. Les générateurs, comme tu l'as vu, visent à faire bouger des aimants près d'une bobine de fil pour agiter les électrons. Les batteries et les piles utilisent une réaction chimique entre un acide et deux métaux pour mettre les électrons en mouvement, comme dans l'expérience sur les électro-aimants. L'électricité se déplace dans des circuits fermés. Les électrons doivent pouvoir aller du générateur ou de la pile vers l'appareil et revenir afin que le mouvement soit constant. Si le circuit est ouvert ou cassé, l'électricité ne peut plus circuler. Quand tu appuies sur un interrupteur, tu ouvres et fermes le circuit électrique qui permet d'alimenter tes lampes. Peut-on allumer une ampoule avec juste une pile ? Si oui, à quoi ressemble le circuit ?

Fig. 2 : Réalise un circuit fermé.

MATÉRIEL

- **Papier aluminium**
- **Ciseaux**
- **Ruban de masquage**
- **Pile alcaline de type C**
- **Petite ampoule à incandescence ou ampoule à LED de lampe de poche (0,5 à 3 volts/0,2 A)**

1. Coupe une feuille d'aluminium en bandes d'environ 10 cm de longueur. La largeur des bandes peut varier (fig. 1).

Fig. 1 : Coupe une feuille d'aluminium en bandes.

Fig. 3 : Expérimente avec différentes largeurs d'aluminium.

Fig. 4 : Essaye de créer un circuit complet.

ASTUCE

L'électricité doit suivre un chemin vers chaque appareil et revenir vers la batterie afin de circuler. Dans cette expérience, l'électricité part de la pile, circule dans l'aluminium vers l'ampoule, puis revient vers la pile.

2. Réalise un circuit fermé en reliant le haut d'une bande d'alu au pôle positif de la pile et le bas de la bande au pôle négatif (fig. 2). Maintiens le bout avec du ruban de masquage. Touche la pile et l'alu à différents endroits. Que remarques-tu ?

3. Retire le ruban adhésif et l'aluminium pour défaire ton circuit.

4. Expérimente avec diverses largeurs et longueurs d'aluminium et note les similitudes ou les différences que tu observes. Défais le circuit après chaque observation.

5. En utilisant la bande d'alu de ton choix, la pile et l'ampoule, essaye de créer un circuit complet de manière que l'aluminium soit relié à la fois à la pile et à l'ampoule (fig. 4). Tu peux le faire ! L'encadré « Astuce » t'aidera à démarrer.

6. Essaye différentes configurations pour ton circuit, change la taille et la forme de la feuille d'aluminium. Quelle configuration fait briller l'ampoule le plus fortement ?

L'EXPLICATION

Les électrons ne peuvent pas circuler dans un circuit ouvert. Tu l'as sûrement déjà remarqué avec les piles : si elles ne sont pas bien insérées dans un appareil, celui-ci ne pourra pas fonctionner. Il se passe la même chose lorsqu'un fusible saute chez toi. Ce dispositif permet à l'électricité de circuler ; en cas de surcharge, c'est-à-dire si trop d'électricité arrive, le fusible peut « sauter » et donc ouvrir le circuit, afin d'éviter tout accident. Pour ton ampoule, l'électricité doit aller de la pile vers l'ampoule, puis revenir vers la pile. Si tu ne permets pas aux électrons de compléter la boucle, ton circuit n'est pas fermé et ton ampoule ne peut pas s'allumer !

LABO 30

BRÛLE-CHIPS

DURÉE :
45 minutes

UN COUP DE MAIN ?
À deux, c'est mieux !
Fais-toi aider d'un adulte pour cette expérience.

ATTENTION, BAZAR !
Cette activité n'est pas salissante, mais étant donné que le but est de faire brûler des aliments, il est préférable de la faire dans une pièce bien aérée ou à l'extérieur.

LA SÉCURITÉ AVANT TOUT :
Un adulte doit être présent pour superviser cette expérience. Tu vas devoir percer une canette et utiliser du feu.
Mets des lunettes de protection, des maniques pour manipuler la canette et sois très prudent.

Les êtres vivants ont besoin d'énergie. Nous consommons tous beaucoup d'énergie pour grandir et nous déplacer tous les jours. Et même si nous ne grandissons plus, nos cellules se renouvellent en permanence ! Pour cela, nous avons besoin d'énergie chimique, qui provient de notre alimentation. Cette énergie dérive elle-même du soleil. Notre corps doit réussir à libérer cette énergie chimique pour que nous puissions l'utiliser. Pour ce faire, nous digérons les aliments, nous les dégradons et nous brûlons des calories. Et si on brûlait des chips pour voir ?

Fig. 8 : Laisse l'aliment brûler complètement.

Fig. 1 : Perce soigneusement quatre trous sur les côtés d'une canette.

Fig. 2 : Enfonce une brochette d'un côté et fais-la ressortir de l'autre.

Fig. 3 : Place le thermomètre dans la canette et lis le résultat.

MATÉRIEL

- → **Ouvre-boîte**
- → **Canette en aluminium vide et propre**
- → **Grosse boîte de conserve vide et propre**
- → **Ciseaux tranchants et/ou tournevis**
- → **2 brochettes en métal**
- → **Eau**
- → **Sonde de cuisson ou thermomètre à sucre (un thermomètre numérique ne fonctionnera pas)**
- → **Trombone en métal**
- → **Bouchon en liège**
- → **Chips ou autres biscuits apéritifs**
- → **Allume-gaz**

1. Avec l'ouvre-boîte, retire le couvercle et le fond de la grande boîte de conserve.

2. En utilisant des ciseaux et/ou un tournevis, perce *soigneusement* quatre trous sur les côtés d'une canette, à environ 4 cm du bord supérieur (fig. 1). Les trous doivent être face à face et espacés de manière régulière.

L'EXPLICATION

Les aliments nous donnent de l'énergie sous forme de calories. Ces calories proviennent des sucres, des muscles, des graisses et des autres nutriments stockés dans la nourriture. Tous ces nutriments ont été créés grâce au soleil lors de la photosynthèse. Pour que nous puissions en profiter, notre corps doit les détruire : nous brûlons alors des calories !
Dans cette activité, tu as mis le feu à un aliment pour voir comment celui-ci peut fournir de l'énergie. En brûlant, l'énergie chimique de la chips s'est transformée en énergie thermique, ce qui a provoqué une hausse de la température de l'eau. Dans notre corps, ces transformations énergétiques se déroulent en permanence : l'énergie chimique des aliments est transformée en énergie thermique, en énergie mécanique et même en énergie sonore ! Certains aliments contiennent plus d'énergie, selon leur taille ou les nutriments qu'ils contiennent. Ici, tu as construit un calorimètre, un appareil utilisé par les nutritionnistes pour évaluer la quantité d'énergie d'un aliment.
Les calorimètres mesurent l'énergie d'après le changement de température. C'est ainsi que l'on calcule la teneur calorique d'un aliment !

Fig. 4 : Redresse un trombone et plante-le dans le bouchon.

Fig. 5 : Pose ou plante ton ingrédient sur le trombone.

3. Enfonce une brochette en métal d'un côté et fais-la ressortir de l'autre. Fais de même avec l'autre brochette (fig. 2). Elles doivent se croiser au milieu de la canette.

4. Pose la boîte de conserve sur une surface plane. Place la canette dedans, de manière que les brochettes reposent sur le haut de la conserve et qu'il reste de la place entre le fond de la canette et le sol pour mettre le bouchon.

5. Verse 120 ml d'eau dans la canette par l'ouverture. Insère le thermomètre et prends la température (fig. 3).

Fig. 6 : Demande à un partenaire de tenir la canette tout près pendant que tu mets le feu à ton aliment.

Fig. 7 : Remets la canette en place comme au début.

6. Vérifie que le bouchon passe sous ton installation. Si besoin, coupe-le ou pose-le sur le côté. Redresse partiellement un trombone en métal et plante-le dans le bouchon (fig. 4). Tords-le pour créer une surface plane sur laquelle tu poseras les aliments à griller.

7. Sors la canette de la conserve et garde-la à portée de main. Dépose le bouchon au fond de la conserve, puis pose une chips ou un autre ingrédient sur le trombone. Ajuste le trombone pour le maintenir en place. Tu peux même piquer ton ingrédient si besoin.

8. Demande à un partenaire de tenir la canette tout près pendant que tu mets le feu à ton ingrédient (fig. 6). Dès qu'il a pris feu, remets la canette en place comme au début, juste au-dessus de la chips qui brûle (fig. 7). Laisse l'aliment brûler complètement. Touille l'eau dans la canette et lis la température (fig. 8). Pourquoi a-t-elle changé ? Un autre aliment donnerait-il un autre résultat ?

Essaye ça !

Devine combien de calories il y a dans ton aliment ! Pour cela, il te suffit de résoudre une équation simple : calories = volume d'eau (ml) x changement de température. Tu as commencé avec 120 ml d'eau. Multiplie ce chiffre par la différence de température, et tu obtiendras une estimation du nombre de calories contenues dans ta chips ! Essaye de comparer ton résultat aux étiquettes de valeurs nutritionnelles et recommence l'expérience avec d'autres aliments.

UNITÉ 05 ÉCONOMISONS L'ÉNERGIE

NOUS UTILISONS DIFFÉRENTES SOURCES D'ÉNERGIE pour subvenir à nos besoins quotidiens. Pourtant, c'est à peine si nous pensons à la manière dont nous consommons toute cette énergie. Nous avons l'habitude de laisser nos ordinateurs branchés même lorsque nous ne les utilisons pas, mais nous prenons soin de bien éteindre les lumières en quittant une pièce. Au lieu de marcher, il peut nous arriver de prendre la voiture sur de courtes distances, mais de faire du covoiturage pour aller à un match de foot. Tous ces choix ont une influence sur la dépense totale d'énergie, mais aussi sur l'économie et l'environnement.

Lorsque tu joues à des jeux vidéo, tes parents payent l'électricité qui alimente ta console et ta télé. En France, la majeure partie de la production électrique provient de sources non renouvelables qui génèrent de la pollution et ont donc un impact sur l'environnement.

De petits gestes quotidiens permettent de dépenser moins d'énergie ou de l'utiliser de manière plus raisonnée. On parle d'économie ou d'efficacité énergétique. L'économie d'énergie se traduit par une action, un comportement, une décision qui aboutit à une baisse de la consommation. C'est le cas quand tu éteins la lumière en quittant une pièce, quand tu prends les transports en commun plutôt que la voiture ou que tu recycles et réutilises des produits. L'efficacité énergétique consiste à utiliser une technologie ou un appareil capable d'accomplir les mêmes tâches qu'un autre en utilisant moins d'électricité. C'est le cas par exemple des nouvelles ampoules ou des véhicules économes qui présentent une consommation plus intéressante. Économiser l'énergie peut se faire facilement et à moindres frais. Les appareils les plus efficaces, quant à eux, sont souvent très perfectionnés et peuvent coûter cher.

Cela dit, l'économie et l'efficacité ne vont pas l'un sans l'autre. Un conducteur qui achète une voiture hybride mais qui ne sait pas utiliser toutes ses fonctions n'économisera pas beaucoup d'énergie.

En réfléchissant à notre consommation, en mesurant et observant nos actions, et enfin en adoptant de nouveaux comportements, nous pouvons réduire notre consommation et préserver l'environnement.

Les expériences de ce chapitre te donnent l'occasion de mesurer ta consommation d'énergie chez toi et dans tes activités quotidiennes. Tu pourras aussi trouver des solutions pour dépenser moins d'énergie et protéger la planète.

Que se passe-t-il lorsqu'il y a trop de dioxyde de carbone ?
Découvre-le dans le labo 39. →

LABO 31

LES ISOLANTS À LA RESCOUSSE

DURÉE :
30 minutes

UN COUP DE MAIN ?
Fastoche !

LA SÉCURITÉ AVANT TOUT :
Tu auras besoin d'eau chaude pour cette activité. Il n'est pas nécessaire qu'elle soit bouillante, juste chaude. Méfie-toi quand tu la fais chauffer et quand tu la verses. Demande à un adulte de t'aider si besoin.

Réguler la température de nos maisons pour être à l'aise est souvent la plus grande dépense énergétique d'un foyer. Cette activité explore comment l'isolation peut maintenir la température chez toi.

MATÉRIEL

- → **5 canettes en aluminium, vides et propres**
- → **Papier bulle**
- → **Molleton en coton**
- → **Molleton en polyester**
- → **Feuille de papier mousse**
- → **Ruban adhésif**
- → **Élastiques**
- → **Eau chaude**
- → **Casserole ou bouilloire**
- → **Verre doseur**
- → **5 boules de coton**
- → **Thermomètre de cuisine (un suffit, mais c'est mieux si tu en as cinq)**
- → **Minuteur**
- → **Carnet et crayon**

Fig. 3 : Note la température de départ de chaque canette.

1. Prends quatre canettes. Enveloppes-en une avec le papier bulle, une autre avec le molleton de coton, une autre encore avec le polyester et la dernière avec la mousse. Attache l'isolant avec du ruban adhésif et des élastiques (fig. 1). Laisse la cinquième canette à nu, elle te servira de témoin.

2. Utilise un verre doseur pour remplir les cinq canettes avec la même quantité d'eau chaude (fig. 2). Rebouche vite l'ouverture des canettes avec des boules de coton pour éviter que l'air s'échappe.

3. Utilise le thermomètre pour prendre la température et referme vite avec le coton. Note la température de départ de chaque canette (fig. 3). Selon toi, laquelle restera chaude le plus longtemps ?

Fig. 1 : Enveloppe les canettes pour les isoler.

Fig. 2 : Utilise un verre doseur pour remplir les cinq canettes.

Fig. 4 : Mesure la température de l'eau toutes les deux minutes.

4. Règle le minuteur sur deux minutes. Mesure la température de l'eau toutes les deux minutes pendant vingt minutes au total (fig. 4). Quelle canette garde le mieux la chaleur ? Quel est le meilleur isolant ? Le moins bon ? Demande à un adulte si ta maison est isolée et essaye de savoir à quel endroit.

5. Pendant que tu attends entre deux mesures, relève la température dans chaque pièce chez toi. As-tu besoin d'un autre type de thermomètre ? Obtiendras-tu une mesure précise en deux minutes ? Certaines pièces sont-elles plus froides que d'autres ? Pourquoi la température varie-t-elle d'une pièce à l'autre ?

La guerre du chaud

Les habitants d'une même maison se chamaillent souvent sur la température idéale. Et si vous laissiez les factures décider pour vous ? Savais-tu qu'un thermostat programmable correctement réglé pouvait vous faire économiser de l'argent tous les mois ? Lorsque tu n'es pas chez toi la journée, baisse la température (quand il fait froid) ou augmente-la (quand il fait chaud) pour que le système de régulation consomme moins. Tu peux ensuite régler la température à ton retour. Il suffit de 2 ou 3 degrés de différence pour économiser jusqu'à 10 % des factures !

L'EXPLICATION

L'isolation nous aide à conserver une température confortable chez nous en bloquant les échanges thermiques qui se font par conduction et par convection. L'air se déplace toujours des zones chaudes vers les zones plus fraîches. Donc, en hiver, l'air chaud cherche à s'échapper vers le froid jusqu'à ce que la température soit homogène. La chaleur peut traverser les murs, les fenêtres, les portes et même le toit. C'est ce qui explique les différences de température dans chaque pièce d'une même maison. Le chauffage doit compenser cette perte de chaleur. L'isolation sert en quelque sorte à mettre une couverture autour de ta maison pour garder le chaud et le froid à leur place ! L'isolation fonctionne de la même manière en été et permet de conserver l'air frais à l'intérieur et l'air chaud dehors. Chaque matière a des propriétés isolantes différentes, comme tu as pu le voir dans cette expérience.

LABO 32

DÉTECTIVE EN HERBE

Fig. 4 : Déplace-toi dans ta maison et mène ton enquête.

L'air qui se trouve chez toi cherche naturellement à s'échapper vers l'extérieur, et l'air de dehors à entrer. Cela peut être un problème quand il faut payer le chauffage ou la climatisation pour garder une température confortable. Comment l'air parvient-il à s'enfuir ? Dans cette expérience, tu vas devoir trouver les fuites d'air grâce à un outil amusant et facile à construire ! Prends ton chapeau de détective et prépare-toi à jouer les Sherlock Holmes !

DURÉE :
15-20 minutes

UN COUP DE MAIN ?
Fastoche !

MATÉRIEL

- → **Papier crépon**
- → **Ciseaux**
- → **Règle**
- → **Crayon, bâton ou tournevis**
- → **Ruban adhésif**
- → **Ventilateur**

1. Coupe une bande de papier crépon de 5 cm de largeur et de 7,5 à 10 cm de longueur (fig. 1).

2. Attache une extrémité du papier au bout d'un crayon, un peu comme une manche à air (fig. 2).

3. Commence par tenir ton crayon devant un ventilateur pour voir comment le papier bouge (fig. 3). Si tu n'as pas de ventilateur, souffle sur le papier pour être sûr qu'il bouge.

4. Déplace-toi dans ta maison avec ta manche à air et mène ton enquête (fig. 4). Tiens ton crayon près des fenêtres (sur les côtés, en haut, en bas), des portes et des prises électriques (fig. 5). As-tu trouvé des endroits où tu as pu sentir ou voir l'air souffler ?

Fig. 1 : Coupe une bande de papier de 7,5 à 10 cm de long.

Fig. 2 : Attache une extrémité du papier au bout d'un crayon.

Fig. 3 : Tiens ton crayon devant un ventilateur.

Fig. 5 : Tiens ton crayon près des fenêtres et des portes.

Ingénieur thermicien, un métier frais !

Les ingénieurs thermiciens sont des détectives professionnels qui œuvrent dans les maisons et les entreprises. Ils aident leurs clients en passant une habitation au peigne fin afin de repérer toutes les déperditions d'énergie. Ils sont formés pour voir comment la chaleur, l'air et l'humidité se déplacent dans une maison, mais aussi pour analyser la consommation électrique. Les ingénieurs thermiciens cherchent des indices en comparant les factures, en analysant les maisons avec des appareils spécifiques et en prenant des mesures. Ils permettent souvent aux familles et aux entreprises d'économiser de l'argent à moindres frais.

L'EXPLICATION

Même si ton domicile est isolé, l'air peut toujours s'infiltrer ou s'échapper. Certains recoins ne peuvent être isolés et deviennent des foyers naturels d'échanges thermiques. Les prises et les interrupteurs, par exemple, causent souvent de petites fuites d'air. En effet, il n'y a pas d'isolant à ces endroits afin de permettre aux câbles électriques de passer. Il en va de même pour les lumières intégrées au plafond ou aux murs. Les portes et les fenêtres ne sont pas toujours parfaitement isolées, soit parce qu'elles n'ont pas été très bien posées, soit parce que les murs ont bougé avec le temps. Tu as peut-être trouvé des fuites d'air à ces endroits ? Que peut-on faire pour bloquer l'air ? Il n'est pas toujours possible de changer toutes les portes ou les fenêtres, mais on peut utiliser du mastic ou des bandes isolantes.
On peut aussi poser facilement des joints d'étanchéité autour des portes.

LABO 33

BRILLE DE MILLE FEUX

DURÉE :
30 minutes à 1 heure

UN COUP DE MAIN ?
Fastoche ! ou à deux, c'est mieux !

LA SÉCURITÉ AVANT TOUT :
Fais-toi aider d'un adulte pour changer les ampoules. Fais très attention, car elles peuvent être brûlantes. De plus, les ampoules sont en verre et risquent donc de se briser. Les ampoules fluocompactes contiennent du mercure, dangereux pour la peau et les poumons si elles se cassent.

Fig. 1 : Pars à la chasse aux lampes chez toi et autour de ta maison.

Les lampes de ta maison représentent près de 15 % de ta consommation électrique. Les ampoules sont petites, mais elles sont très importantes pour faciliter la vie de tous les jours. Il existe différents types d'ampoules. Quels sont leurs points communs et leurs différences ? Certaines sont-elles plus économes que d'autres ? Cette activité porte sur les quatre grandes familles de lampes : à incandescence, halogènes, fluocompactes et LED.

	AMPOULE À INCANDESCENCE	HALOGÈNE	AMPOULE FLUOCOMPACTE	DIODE ÉLECTRO-LUMINESCENTE (LED)
Luminosité →	850 lumens	850 lumens	850 lumens	850 lumens
Durée de vie →	1000 heures	3000 heures	10 000 heures	25 000 heures
Consommation →	60 watts = 0,06 kW	43 watts = 0,043 kW	13 watts = 0,013 kW	12 watts = 0,012 kW
Prix/ampoule →	0,50 €	3 €	3 €	8 €

Toutes les ampoules génèrent environ 850 lumens.

	COÛT DE L'AMPOULE	**AMPOULE À INCANDESCENCE**	**HALOGÈNE**	**AMPOULE FLUOCOMPACTE**	**DIODE ÉLECTRO-LUMINESCENTE (LED)**
	Durée de vie de l'ampoule	1000 heures	3000 heures	10000 heures	25000 heures
	Nombre d'ampoules pour atteindre 25000 heures				
x	Prix des ampoules	0,50 €	3 €	3 €	8 €
=	**Coûts des ampoules pour 25000 heures de lumière**				
	COÛT DE L'ÉLECTRICITÉ	**Ampoule à incandescence**	**Halogène**	**Ampoule fluocompacte**	**Diode électro-luminescente (LED)**
	Nombre d'heures total	25000 heures	25000 heures	25000 heures	25000 heures
x	Consommation	60 watts = 0,06 kW	43 watts = 0,043 kW	13 watts = 0,013 kW	12 watts = 0,012 kW
=	Consommation totale en kWh				
x	Prix de l'électricité au kWh	0,10 €	0,10 €	0,10 €	0,10 €
=	**Coût de l'électricité**				
	COÛT DU CYCLE DE VIE	**Ampoule à incandescence**	**Halogène**	**Ampoule fluocompacte**	**Diode électro-luminescente (LED)**
	Coût des ampoules				
+	Coût de l'électricité				
=	**Coût du cycle de vie**				

MATÉRIEL

- → Ampoules et lampes
- → Thermomètre
- → Calculatrice

1. Pars à la chasse aux lampes chez toi et autour de ta maison (fig. 1). Compte toutes les ampoules que tu vois.

2. À l'aide des pictogrammes et d'un adulte, examine les ampoules pour savoir si elles sont à incandescence, halogènes, fluocompactes ou LED (fig. 2). Quel type d'ampoules utilises-tu le plus ? Certaines ampoules sont-elles plus adaptées que d'autres pour un même espace ?

Fig. 2 : Classe toutes les ampoules que tu trouves.

Fig. 3 : Place un thermomètre à quelques centimètres.

3. Allume les lampes une par une et place un thermomètre à quelques centimètres (fig. 3). La température change-t-elle ? Remarques-tu des différences entre les ampoules ? N'oublie pas d'éteindre quand tu as fini !

4. Pourquoi nous conseille-t-on souvent de changer d'ampoules pour économiser l'énergie ? Lance-toi dans une comparaison. Une ampoule à LED peut durer jusqu'à 25 000 heures et coûte 8 €, auxquels s'ajoute le prix de l'électricité pour ces 25 000 heures : ce prix total s'appelle le coût du cycle de vie. Complète le tableau de la page 109 pour découvrir le prix du cycle de vie de chaque type d'ampoule. Quel est le plus avantageux ? Que se passe-t-il si les fluocompactes ou les LED augmentent de 5 € à l'achat ? Et que se passe-t-il si les prix baissent ?

5. Combien pourrais-tu économiser si tu changeais toutes les ampoules d'une pièce chez toi ? Ou de toute la maison ?

LE SAVAIS-TU ?

Les ampoules à incandescence produisent plus de chaleur que de lumière. Elles génèrent en effet 90 % d'énergie thermique. Autrement dit, seulement 10 % de l'électricité est convertie en lumière !

Conducteurs, isolants et semi-conducteurs

Conducteurs, isolants et semi-conducteurs...

Les matériaux dits « conducteurs » permettent à l'électricité et l'énergie thermique de les traverser librement. De nombreux métaux sont de bons conducteurs. S'ils entrent en contact avec une source de chaleur, ils deviennent chauds à leur tour.
Les isolants sont des matériaux qui bloquent la circulation de l'électricité ou de l'énergie thermique. Le caoutchouc est utilisé sur les poignées des ustensiles de cuisson ou en revêtement des fils électriques, car c'est un bon isolant qui ne chauffe pas trop.
Les semi-conducteurs ne sont pas d'excellents conducteurs ni de très bons isolants. Ils sont toutefois utiles, car ils nous permettent de diriger l'électricité dans un circuit. Les semi-conducteurs permettent de construire des circuits plus petits et plus efficaces que les conducteurs. Le silicium en est un bon exemple : on en trouve dans de nombreux appareils électroniques et même dans les ampoules à LED.

L'EXPLICATION

Les ampoules à incandescence produisent de la lumière en envoyant l'électricité dans un filament. Quand il est traversé par l'électricité, ce filament devient extrêmement chaud et se met à briller. Il peut éclairer toute une pièce. Désormais, ces ampoules ont presque disparu du commerce, mais on en trouve encore dans certaines maisons et entreprises.
Les ampoules halogènes fonctionnent de la même manière, mais le filament est enfermé dans une capsule de gaz halogène. Ce gaz prolonge la durée de vie du filament et permet à celui-ci de chauffer davantage sans que l'ampoule ne génère trop d'énergie thermique. On les appelle parfois des ampoules à incandescence à économie d'énergie et elles ont la même apparence que des ampoules classiques.
Les fluocompactes, ou ampoules fluorescentes compactes, apportent la même quantité de lumière que les ampoules classiques, mais elles produisent bien moins de chaleur et utilisent donc moins d'énergie. Les fluocompactes fonctionnent aussi en envoyant un courant électrique dans l'ampoule. Celle-ci est remplie de gaz et d'une petite quantité de mercure. Les parois de l'ampoule sont revêtues de phosphore. Le mercure conduit l'électricité et émet des rayons ultraviolets, qui deviennent fluorescents quand ils touchent le phosphore.
Enfin, les LED apportent une luminosité équivalente, mais consomment encore moins que les fluocompactes. Elles sont fabriquées avec des matériaux spéciaux appelés semi-conducteurs. Les LED existent depuis de nombreuses années, notamment pour éclairer les panneaux d'indication ou pour les télécommandes ; elles remplacent progressivement les ampoules classiques et illuminent les écrans géants dans les stades.

LABO 34

CHAUFFE-EAU SOLAIRE

Fig. 2 : Mesure la température de l'eau dans les deux conserves.

Dans toutes les familles, il y a toujours une personne qui adore prendre de longues douches chaudes ! Tu peux facilement réduire ta consommation d'eau, mais pour une efficacité maximale, opte pour un chauffe-eau solaire ! Dans cette activité, tu vas découvrir comment cet appareil peut t'apporter de l'eau chaude. Choisis une journée bien ensoleillée et prépare-toi à recevoir ta dose quotidienne de vitamine D !

DURÉE :
30 minutes

UN COUP DE MAIN ?
Fastoche !

MATÉRIEL

→ 2 boîtes de conserve vides
→ Peinture noire
→ Pinceau
→ Eau (à température ambiante)
→ Verre doseur
→ 2 thermomètres numériques
→ Carnet et crayon
→ Film plastique
→ Élastiques
→ Minuteur

1. Retire les étiquettes des boîtes de conserve. Peins-en une en noir et laisse-la sécher. Laisse l'autre sans peinture.

2. Remplis les deux conserves à la moitié, soit environ 160 ml d'eau. Veille à ce qu'elles soient toutes les deux remplies au même niveau (fig. 1).

3. Mesure la température de l'eau dans les deux conserves et note les résultats dans ton carnet (fig. 2).

4. Couvre les deux boîtes de film plastique en le maintenant avec un élastique (fig. 3).

5. Emporte tes conserves dehors et place-les en plein soleil. Mesure à nouveau la température toutes les minutes pendant un quart d'heure (fig. 4). Pour cela, perce le film plastique avec le thermomètre. Note les températures. Dans quelle boîte l'eau chauffe-t-elle le plus ?

Fig. 1 : Remplis les deux conserves d'eau au même niveau.

Fig. 3 : Couvre les deux boîtes de film plastique.

Fig. 4 : Mesure à nouveau la température pendant un quart d'heure.

L'EXPLICATION

L'énergie rayonnante (solaire) peut chauffer les objets. Tout ce qui utilise de l'énergie solaire pour piéger de l'énergie thermique s'appelle un capteur solaire. Il s'agit par exemple d'une voiture en plein soleil, d'un cuiseur solaire ou encore d'une serre.

Les chauffe-eau solaires fonctionnent sur le même principe. Dans cette activité, tu as fabriqué deux chauffe-eau solaires : un brillant et un noir. Tu as dû constater que la température de l'eau a augmenté dans les deux boîtes de conserve lorsque tu les as posées au soleil. Mais la conserve noire a chauffé le plus, car les surfaces sombres absorbent plus d'énergie rayonnante.

Les chauffe-eau solaires sont souvent placés sur les toits, afin d'être le plus exposés au soleil. Ils sont souvent noirs afin de retenir l'énergie rayonnante et chauffer plus vite. Les chauffe-eau modernes contiennent aussi un petit réservoir et une série de tubes dans lesquels l'eau circule. Ces tubes sont eux aussi de couleur sombre ou sont attachés à une surface équipée de réflecteurs.

Ton eau était-elle assez chaude pour prendre une douche ? Sans doute pas après quinze minutes. Alors, comment ces appareils permettent-ils d'économiser de l'énergie ? L'eau provenant des canalisations souterraines est généralement trop fraîche pour une douche agréable. En la faisant circuler dans un capteur solaire, elle se réchauffe grâce à l'énergie du soleil. Et s'il est nécessaire de la chauffer encore plus, un chauffe-eau classique prend le relais, mais utilise moins d'énergie, puisque la température de l'eau a déjà un peu augmenté ! Ainsi, de nombreuses maisons équipées de chauffe-eau solaire disposent aussi d'un chauffe-eau électrique afin de stocker l'eau et de la chauffer lorsque le soleil se fait timide. Mais dans ces cas-là, le chauffe-eau électrique est de taille bien plus petite.

LABO 35

ÉLÉMENTAIRE, MON CHER WATTSON

DURÉE :
30 minutes (ou autant que tu le souhaites)

UN COUP DE MAIN ?
À deux, c'est mieux ! Les maths sont plus amusantes à plusieurs. Qui plus est, c'est mieux d'avoir une deuxième paire d'yeux quand tu déplaces des objets et cherches des informations. Demande la permission à tes parents avant de débrancher ou de déplacer des appareils, ils sont peut-être en train de s'en servir.

LA SÉCURITÉ AVANT TOUT :
Quand tu débranches un appareil, tire toujours sur la prise elle-même et non sur le câble.

Les appareils électroniques utilisent de grandes quantités d'électricité. Sais-tu combien d'appareils sont branchés en ce moment même chez toi ? Tu auras sans doute du mal à les compter, puisque la plupart des appareils électroménagers et personnels peuvent se brancher. L'unité utilisée pour quantifier l'énergie de ces appareils est le watt. Pour connaître la consommation d'un appareil, tu vas devoir mener ta petite enquête. Sors ta calculatrice : cette activité va t'aider à connaître la consommation de tous les appareils de ta maison et à savoir combien ils coûtent chaque année !

Fig. 1 : Analyse les étiquettes des appareils que tu as chez toi.

MATÉRIEL

- → **Appareils électriques (faciles à déplacer de préférence)**
- → **Appareil photo ou téléphone**
- → **Facture d'électricité (facultatif)**
- → **Carnet et crayon**
- → **Calculatrice**

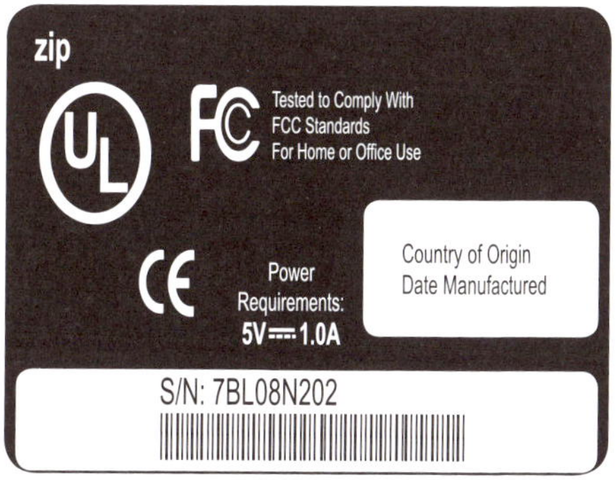

PREMIÈRE PARTIE

1. Tous les appareils électriques chez toi disposent d'une étiquette ou d'une plaque sur laquelle sont indiquées des informations sur l'ampérage (A), le voltage (V) et parfois la puissance électrique en watts (W). Tu trouveras ces indications la plupart du temps au dos ou sous les appareils, mais il faut parfois bien chercher. Analyse les appareils que tu as chez toi (fig. 1). Sois vigilant et débranche-les si besoin. Commence par les appareils les plus faciles comme la télévision, les consoles de jeu, les ordinateurs portables ou les chargeurs d'ordinateur, les sèche-cheveux, le grille-pain, l'aspirateur et les réveils.

2. Prends des photos de chaque étiquette et des informations sur la consommation électrique (fig. 2). Parfois, les watts et les ampères sont indiqués en grosses lettres, comme sur les aspirateurs, car ce sont des informations essentielles au bon fonctionnement.

3. Dessine un tableau comme celui de la page 116. Note toutes les informations que tu vois sur les étiquettes. Tu trouveras le plus souvent le courant, le voltage et parfois les watts.

L'EXPLICATION

Il te reste un peu de jus après ce travail ? Trêve de plaisanteries… Cette démarche est intéressante et aide à prendre conscience de l'argent dépensé pour faire fonctionner nos appareils préférés. Certes, avoir une télé ne coûte que quelques euros par an, mais là où ça devient vertigineux, c'est quand tu additionnes le coût de tous les appareils qu'il y a chez toi ! Toutes ces petites dépenses se cumulent, sans compter que les gros appareils électroménagers dépensent plus et sont, pour certains, allumés en permanence !
En moyenne, une famille dépense environ 900 kWh par mois !

NOTE : Les plaques indiquent les valeurs maximales, mais les appareils ne fonctionnent pas toujours à pleine puissance. Certains ont des cycles et des processus qui consomment moins quand ils sont en veille, et beaucoup plus quand ils fonctionnent à plein régime. Tu peux utiliser un outil spécial appelé wattmètre pour calculer la consommation précise de tes appareils.

Appareil	Courant (A)	Voltage (V)	Puissance (W)	Kilowatts (kW)	Nombre d'heures d'utilisation par jour	Nombre d'heures d'utilisation par an	Coût au kWh	Coût total

DEUXIÈME PARTIE

1. Pour déterminer le coût d'utilisation de chaque appareil, tu dois savoir combien de watts il consomme. Si la puissance en watts n'est pas indiquée sur l'étiquette, tu peux la calculer en multipliant le courant (ampères) par le voltage. Note la puissance dans la colonne correspondante.

2. Nous utilisons tellement de watts chaque mois que nous ne sommes pas facturés au watt, mais au kilowatt utilisé. C'est une unité plus large que tu peux facilement calculer aussi. Pour cela, tu dois savoir qu'un kilowatt équivaut à 1000 watts. Il te suffit donc de diviser la puissance par 1000 et de noter ton résultat dans la bonne colonne.

3. Maintenant, pour connaître la fréquence d'utilisation d'un appareil, tu vas devoir mener ta petite enquête. Pendant combien d'heures l'appareil est-il branché, allumé ou utilisé chaque jour ? Demande aux autres membres de la famille si tu n'es pas sûr, puis note le résultat dans la colonne adéquate.

4. Certains appareils, comme la télévision ou les ordinateurs, sont utilisés tous les jours. Si c'est le cas, multiplie le nombre d'heures d'utilisation quotidienne par le nombre de jours dans l'année (365) pour connaître le nombre d'heures d'utilisation annuel. Si un appareil est allumé occasionnellement, multiplie seulement par le nombre de jours d'utilisation. Demande à tes proches de t'aider à estimer ces données, puis entre tes résultats dans le tableau.

5. Notre consommation électrique est facturée au kilowatt-heure (kWh). Le prix moyen en France est de 14 centimes par kWh, mais tout dépend du fournisseur. Regarde tes factures pour connaître le prix que tu payes. Si tu n'as pas de facture à portée de main, écris simplement 0,14 € dans la colonne « Coût au kWh ».

6. Il ne reste plus qu'à calculer le coût total (fig. 3). Pour cela, multiplie le nombre de kilowatts par le nombre d'heures par an et par le prix au kWh. Tu obtiendras ainsi le coût total de chaque appareil pour une année !

Essaye ça !

Regarde ton compteur électrique au début de la journée. Retourne ensuite le voir à la fin de la journée. Combien de kilowatts-heures avez-vous dépensés ? Dresse la liste de tous les appareils qui ont été allumés chez toi aujourd'hui et qui ont contribué à cette consommation. Que pourrais-tu éteindre pour alléger la facture ?

Fig. 2 : Prends des photos de chaque étiquette.

Fig. 3 : Calcule le coût total.

LABO 36

FRIGO FUN

Fig. 1 : Mets le thermomètre dans un verre d'eau au frigo.

DURÉE :
15 minutes, plus 5 minutes le lendemain

UN COUP DE MAIN ?
Fastoche !

MATÉRIEL

→ 2 thermomètres à alcool
→ Eau
→ Verre
→ Billet de banque

Ton réfrigérateur est-il allumé ? Bien sûr ! Le frigo est généralement l'appareil le plus gourmand en énergie de la maison, pour la simple raison qu'il est allumé en permanence pour garder les produits frais et bons. Grâce à cette expérience, tu vas pouvoir vérifier qu'il fonctionne correctement, sans perte d'énergie.

PREMIER TEST

1. La plupart des réfrigérateurs ne comportent pas de thermostat intégré. Ils sont simplement munis d'une molette pour régler la température. Note le réglage actuel de ton frigo.

2. Remplis un verre avec de l'eau tiède. Mets le thermomètre dedans et place-le sur l'étagère centrale de ton frigo. Note la température de départ (fig. 1).

3. Laisse le thermomètre en place pendant 24 heures et mesure à nouveau la température.

4. Maintenant, note le réglage de ton congélateur. Place le deuxième thermomètre entre deux produits surgelés (fig. 2). Laisse-le aussi 24 heures avant de relever la température.

Fig. 2 : Place le deuxième thermomètre entre deux produits surgelés.

Fig. 3 : Place un billet de banque dans la porte.

Fig. 4 : Essaye de retirer le billet en tirant délicatement dessus.

5. La température recommandée pour un réfrigérateur se situe entre 1,6 et 3,3 °C. Quelle est la température de l'eau ? De combien de degrés a-t-elle baissé ? La température recommandée pour un congélateur est de - 17,7 °C. Dois-tu ajuster les réglages ? Essaye de baisser ou d'augmenter d'un cran les molettes, puis recommence les tests. Si les réglages sont trop froids, tu gâches de l'énergie et de l'argent. S'ils sont trop chauds, les aliments ne seront pas correctement conservés.

SECOND TEST

1. Les réfrigérateurs doivent être fermés de manière parfaitement étanche grâce au joint en caoutchouc autour de la porte. Place un billet de banque dans la porte et ferme-la (fig. 3).

2. Essaye de retirer le billet en tirant délicatement dessus (fig. 4). Évite les mouvements brusques pour ne pas le déchirer. Le billet a-t-il bougé ? As-tu réussi à l'enlever facilement ? Que peux-tu en déduire de l'état de ton réfrigérateur ?

Essaye ça !

On se pose souvent la question de savoir si un réfrigérateur doit être rempli ou non. En fait, tout dépend du modèle, de ses cycles de fonctionnement et du nombre de fois où tu ouvres la porte. Fais le premier test quand le frigo est plein et recommence quand il est presque vide. Dans quel cas le verre est-il le plus froid ?

L'EXPLICATION

Un réfrigérateur sert à garder les aliments au froid en expulsant l'humidité et l'air chaud vers l'extérieur. L'énergie thermique se déplace toujours des zones chaudes vers les zones plus fraîches, un frigo doit donc utiliser un réfrigérant pour fonctionner correctement. Qui plus est, il doit être muni d'une pompe pour évacuer l'air chaud.
Ton frigo est doté de joints pour empêcher l'air chaud d'entrer. Avec le temps, ces joints s'usent et deviennent moins efficaces.
Le billet ne doit pas sortir facilement.
Si tu as réussi à le retirer, cela signifie que l'air chaud peut entrer facilement dans le frigo. Changer les joints est une manière simple et bon marché d'améliorer les performances de ton frigo, mais tu peux aussi l'ouvrir moins souvent ! Plus les portes sont ouvertes, plus le frigo consomme de l'énergie pour conserver sa température.

LABO 37

SUIVI D'UN MOIS (OU D'UNE SEMAINE)

DURÉE :
15 à 20 minutes par jour pendant une semaine à un mois

UN COUP DE MAIN ?
Fastoche ! Mais c'est beaucoup plus intéressant de faire cette expérience en famille, donc si possible, à deux (ou à quatre), c'est mieux !

Tu as déjà vu un adulte faire un régime ? Il note absolument *tout* ce qu'il mange. Cela semble fastidieux, mais c'est un processus utile pour savoir comment consommer moins et garder des réserves pour les occasions spéciales. En matière d'économie et d'efficacité énergétique, c'est un peu la même chose. Avec cette activité au long cours, tu vas observer avec ta famille comment vous consommez l'énergie. Serez-vous capables de réduire les excès ?

MATÉRIEL

→ **Carnet et crayon**
→ **Thermomètre**
→ **Appareil photo**
→ **Tableur (facultatif)**

Fig. 1 : Trouve le compteur électrique et commence la lecture.

1. Avec les membres de ta famille, répartissez-vous les jours de suivi. Choisissez un jour de début, un jour de fin et une heure.

2. Trouve le compteur électrique et commence la lecture (fig. 1). Si ta maison est alimentée en gaz naturel, tu peux aussi faire le suivi de votre consommation pour cette source d'énergie. Si besoin, demande à un adulte de t'aider.

QUESTIONNAIRE DE SUIVI

A. Avez-vous utilisé le lave-vaisselle ? _______

Combien de fois ? _______

Était-il rempli à chaque fois ? _______

Quel était le réglage utilisé ? _______

B. Combien de machines de linge avez-vous faites ?

Quelle était la température de lavage ? _______

Quelle était la température de rinçage ? _______

C. Combien de bains ont été pris ? _______

D. Combien de douches ont été prises ? _______

Pendant combien de temps (en moyenne) ? _______

E. Le chauffage ou la climatisation sont-ils allumés en ce moment ? _______

À quelle température est réglé le thermostat la journée ? _______

À quelle température est réglé le thermostat la nuit ? _______

Les fenêtres étaient-elles ouvertes ? _______

Quelle était la température maximale (le jour) dehors ? _______

Quelle était la température minimale (la nuit) dehors ? _______

Comment était la météo ? _______

Avez-vous utilisé des ventilateurs ou ouvert les fenêtres aujourd'hui au lieu de chauffer ou de climatiser ? _______

Avez-vous ouvert les rideaux/stores pendant la journée ? _______

F. Combien de fois les lumières sont-elles restées allumées dans une pièce vide ? _______

Combien de fois une télé, une console de jeu ou un ordinateur sont-ils restés allumés sans que personne ne les utilise ? _______

SUIVI D'UN MOIS (OU D'UNE SEMAINE)

Fig. 2 : À quelle température est réglé le thermostat en journée ?

Fig. 3 : Quelle était la température minimale dehors ?

3. Pour chaque jour de la période de suivi, remplis le questionnaire de la page précédente. Garde les questions et réponses dans un registre accessible pour que toute la famille puisse le consulter (fig. 2 et 3). Vous pouvez aussi en discuter ensemble chaque jour. Les plus technophiles pourront créer un tableau informatique pour partager le document et analyser plus facilement les réponses.

4. À la fin de chaque semaine, cherche des anomalies ou des récurrences dans ton registre. La consommation d'énergie est-elle plus importante ou plus faible que la moyenne certains jours ? Si c'est le cas, que s'est-il passé ces jours-là ? Comment pourriez-vous optimiser votre consommation ?

5. Relève les compteurs à la fin de chaque semaine. Soustrais le chiffre de la semaine au chiffre du départ pour obtenir la consommation totale de la semaine. Quels éléments ne sont pas pris en compte dans le questionnaire ? Quels éléments pourriez-vous surveiller plus étroitement à l'avenir ? Sur quels postes pourriez-vous faire des économies ?

Les compteurs connectés : il y a une application pour ça !

Un compteur électrique est un appareil qui permet au fournisseur d'énergie de suivre la consommation en électricité d'un foyer. Le compteur aide les entreprises à évaluer la quantité d'énergie qui doit être produite chaque jour et à établir des factures précises. Peu à peu, les compteurs traditionnels sont remplacés par des compteurs « intelligents ». Ceux-ci permettent aux consommateurs de réduire leurs factures en analysant directement leur dépense d'énergie en ligne ou sur une application pour smartphone. Tu peux ainsi comparer ta consommation à celle de tes voisins ou détecter des anomalies. Ces applications peuvent aussi envoyer des alertes pour suggérer d'éteindre ou de débrancher des appareils. Certains consommateurs passent même des accords avec leur fournisseur pour que celui-ci déconnecte automatiquement des appareils quand la demande est trop forte (c'est-à-dire quand toute la population utilise beaucoup d'électricité). Maintenant, tes parents sauront si tu passes ton temps devant les jeux vidéo au lieu de faire tes devoirs !

L'EXPLICATION

Un foyer peut dépenser jusqu'à 2000 € pour l'énergie (électricité, chauffage, climatisation, etc.) chaque année. Si tu surveilles ta consommation et que tu trouves des choses à améliorer, par exemple en proposant à ta famille d'adapter ses comportements ou en remplaçant les appareils les plus énergivores, tu réussiras à économiser de l'argent. Que ferais-tu de cet argent ?
Les factures peuvent aider ta famille à mieux suivre sa consommation d'énergie. On y trouve des informations sur la dépense d'électricité pendant le mois et un suivi sur plusieurs mois. Ces statistiques vous aideront, ta famille et toi, à analyser l'impact de vos efforts.

LABO 38

MA BELLE POUBELLE

DURÉE :
Un jour

UN COUP DE MAIN ?
Fastoche !

IMPORTANT :
Il est préférable de faire cette activité un jour où tu es présent chez toi la plupart du temps.

On dit parfois que « les déchets des uns font le bonheur des autres ». Est-ce possible ? Les déchets que nous jetons à la poubelle peuvent être valorisés, que ce soit par le recyclage, le compost ou pour générer de l'énergie dans les décharges. Or, tous les objets qui peuvent être récupérés sont des trésors, car ils nous aident à produire de l'énergie, à économiser de l'argent et à préserver notre planète. Tes déchets d'une journée sont-ils suffisants pour changer les choses ? Grâce à cette expérience, tu sauras quelle quantité de déchets tu génères chaque jour.

Fig. 3 : Place des bonbons de trois couleurs différentes dans un sachet.

Fig. 1 : Prépare trois sacs-poubelles.

Fig 2 : Prépare deux sachets en plastique.

MATÉRIEL

- Marqueur indélébile
- 3 sacs-poubelles
- 2 sachets plastiques refermables
- Bonbons, pièces ou petits objets de trois couleurs
- Pèse-personne

1. Avec le marqueur, écris « ordures » sur le premier sac-poubelle et « recyclage » sur le second (fig. 1). Si tu fais du compost chez toi ou si ta ville récupère les déchets organiques, écris « compost » sur le troisième sac.

2. Toujours avec le marqueur, écris « déchets du jour » sur le premier sachet en plastique (fig. 2). Sur le second, écris « bonbons » et place des bonbons de trois couleurs différentes dedans (fig. 3). Assigne une couleur à chaque poubelle, par exemple rouge = ordures, vert = recyclage et bleu = compost. Si tu ne fais pas de compost, utilise deux couleurs seulement.

3. Garde les deux sachets plastiques avec toi tout au long de la journée. Chaque fois que tu dois jeter quelque chose (nourriture, papier, boîtes, etc.), réfléchis à la poubelle dans laquelle tu dois le mettre – ordures, recyclage ou compost – et mets-le dans le bon sac (fig. 4). Puis transfère un bonbon de la couleur adéquate dans le sachet « déchets du jour » (fig. 5). Si tu n'es pas chez toi, tu peux transvaser le bonbon dans le sachet, mais tu n'as pas besoin de te balader avec ta poubelle ! Suis ce processus tout au long de la journée pour trier tes déchets.

Fig. 4 : Jette tes déchets dans la bonne poubelle.

4. À la fin de la journée, pèse tes trois sacs-poubelles. Quel type de déchet est le plus lourd ? Lequel est le plus encombrant ? Quelle quantité totale de déchets as-tu générée ?

5. Compte les bonbons colorés dans ton sachet « déchets du jour ». Le total est-il similaire au poids des poubelles ? Pourquoi ? Certains déchets sont-ils plus faciles à traiter que d'autres ?

6. Vérifie que les déchets à recycler sont bien pris en charge dans ta commune et mets-les dans la poubelle familiale. Fais la même chose pour le compost et les ordures.

Fig. 5 : Mets un bonbon dans le sachet « déchets du jour ».

Le mystère du plastique

As-tu déjà regardé sous une bouteille en plastique ? Il y a toujours un symbole de recyclage avec un chiffre à l'intérieur. Que signifie-t-il ? Les plastiques peuvent prendre différentes formes et tailles. On dénombre sept types de plastique (y compris le polystyrène), dont certains ne sont pas recyclables. Tous les emballages en plastique comportent un chiffre de un à sept entre des flèches qui tournent. Ce chiffre est un code indiquant la nature du plastique. Les gestionnaires de déchets peuvent ainsi indiquer quels types de plastiques sont recyclables ou non. Ouvre l'œil !

L'EXPLICATION

En moyenne, un habitant produit un à deux kilos de déchets par jour. Un peu plus de la moitié de ces ordures finissent dans une décharge, car ils ne peuvent pas être recyclés ou n'ont pas été correctement triés.
Environ 10 % de nos poubelles sont envoyés dans des usines pour y être incinérés et fournir de l'électricité.
Dans certains cas, les décharges peuvent aussi produire de l'énergie : pendant que les ordures se décomposent, elles dégagent du méthane, un gaz à forte teneur énergétique qui peut être récupéré et brûlé pour obtenir de l'électricité. Le méthane qui s'accumule dans les décharges doit souvent être détruit pour éviter les incendies, alors autant le récupérer !
Environ 35 % de nos déchets sont recyclés ou compostés, mais les consignes de tri sont différentes dans chaque commune. Le recyclage permet de réduire le volume des décharges (et donc les coûts de traitement), mais tout dépend de la matière, de sa teneur en énergie et du coût de recyclage.
Par exemple, il est plus intéressant de recycler le verre, car il ne brûle pas bien et fournit donc peu d'énergie. L'acier et l'aluminium sont tout aussi bien adaptés : ils résistent dans le temps et peuvent parfois nous faire économiser 75 à 90 % de l'énergie utilisée pour fabriquer de nouvelles conserves ! Le plastique est une autre question. Il faut autant d'énergie pour le recycler que pour en faire de nouveaux objets. Dans ce cas, les déchets plastiques sont incinérés et transformés en énergie. Le compost, c'est-à-dire les déchets organiques, est utilisé pour créer du terreau fertile que l'on peut mélanger à la terre pour l'agriculture et le jardinage.

LABO 39

LE CASSE-TÊTE DU CO_2

DURÉE :
30 minutes, plus 2 minutes la veille (facultatif)

UN COUP DE MAIN ?
Fastoche !

LA SÉCURITÉ AVANT TOUT :
Quand tu utilises des ampoules haute puissance, vérifie toujours que la lampe est correctement adaptée. Demande conseil à un adulte si tu en as besoin.

Lorsque nous brûlons des énergies fossiles, nous libérons des molécules de dioxyde de carbone (CO_2). Ce gaz existe dans l'environnement à l'état naturel, mais que se passe-t-il lorsque l'air en est saturé ? Cette activité simule la réaction du CO_2 quand il entre en contact avec la lumière et l'énergie thermique.

MATÉRIEL

- → **Ampoule haute puissance à incandescence (60 watts ou plus, ou lampe chauffante)**
- → **Lampe de bureau**
- → **2 bouteilles identiques de boisson gazeuse de 50 cl, fermées**
- → **Règle**
- → **Punaise**
- → **Ciseaux**
- → **2 thermomètres numériques de cuisine**
- → **Marqueur indélébile**

Fig. 1 : Ouvre une bouteille et verse environ un tiers de la boisson gazeuse.

1. Vérifie que ton ampoule et ta lampe sont compatibles. Assure-toi aussi que tu utilises bien une ampoule à incandescence ou une lampe chauffante.

2. Ouvre une bouteille et vide-la d'environ un tiers (fig. 1). Rebouche-la fermement et secoue-la (fig. 2). Ouvre doucement pour faire sortir le gaz. Recommence plusieurs fois jusqu'à ce que la plupart des bulles aient disparu, puis referme.

3. Perce la bouteille au-dessus de l'étiquette avec la punaise. Utilise les ciseaux pour agrandir légèrement le trou (fig. 3). Insère un thermomètre numérique dans le trou (fig. 4). Arrache l'étiquette et, avec ton marqueur, écris « Plate » sur la bouteille.

4. Dévisse le bouchon de la seconde bouteille et verse un tiers de son contenu pour qu'elle soit au même niveau que la première. *Ne secoue pas* cette bouteille. Remets le bouchon et serre fortement. Retire l'étiquette et écris : « Gazeuse ».

Fig. 2 : Rebouche-la fermement et secoue-la pour enlever le gaz.

Fig. 3 : Fais un trou dans la bouteille.

Fig. 4 : Insère un thermomètre numérique dans le trou.

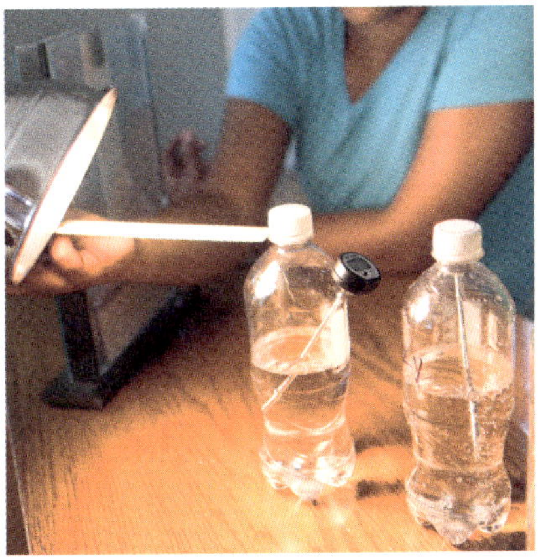

Fig. 5 : Positionne les deux bouteilles côte à côte sous la lumière.

5. Perce la bouteille à peu près au même endroit que la première, agrandis le trou et insère ton second thermomètre.

6. Place ta lampe à hauteur des deux bouteilles. Celles-ci doivent être côte à côte à environ 15 cm de la lampe (fig. 5). Tourne-les pour que les thermomètres soient loin de la lumière. Note la température initiale des deux bouteilles.

7. À présent, tu peux allumer la lampe. Les deux bouteilles doivent recevoir la même quantité de lumière. Note la température de chaque bouteille toutes les deux minutes pendant vingt minutes. Que constates-tu ? Pourquoi les températures ne sont-elles pas identiques ?

L'EXPLICATION

Le dioxyde de carbone (CO_2) est un gaz commun. Nous l'expirons en respirant. De même, lorsqu'un objet brûle, il dégage du CO_2. Certains éléments renferment du carbone et du dioxyde de carbone, comme l'atmosphère, l'océan, les animaux, les plantes et même les carburants fossiles. Par conséquent, lorsqu'une énergie fossile est brûlée, du CO_2 se libère dans l'atmosphère. Or, quand l'air devient trop chargé en CO_2, il se réchauffe. Pourquoi ? Le CO_2 est un gaz à effet de serre. Ses molécules agissent comme le plafond d'une serre. Elles laissent passer l'énergie rayonnante, mais lorsque celle-ci se transforme en énergie thermique (chaleur), elle ne peut plus s'échapper. Ce phénomène permet de garder la Terre à une température confortable la nuit, lorsqu'il y a moins de chaleur. Dans cette expérience, les bouteilles font office de serre : la température à l'intérieur augmente rapidement lorsqu'elles sont exposées à la lumière. La bouteille de boisson « plate » ne contient presque plus de CO_2. Tu as donc dû constater que la température augmentait plus vite dans la bouteille gazeuse en raison de la présence de CO_2.

LABO 40

VOYAGE, VOYAGE

Fig. 2 : Choisis la destination de ton voyage.

Lorsqu'on parle de pollution et d'empreinte carbone, on nous incite à réfléchir à notre dépense énergétique. On nous demande de réduire la quantité de dioxyde de carbone que nous relâchons dans l'atmosphère lors de nos activités quotidiennes. Mais comment faire ? Dans notre société, les déplacements et les voyages contribuent largement aux émissions de CO_2. Cette expérience vise à définir un trajet et à évaluer la quantité de CO_2 dégagée pour se rendre d'un point A à un point B.

DURÉE :
30 minutes à 1 heure

UN COUP DE MAIN ?
Fastoche !, mais à deux, c'est mieux ! Les maths et les voyages imaginaires sont toujours plus amusants avec un ami.

MATÉRIEL

→ Carte routière
→ Accès Internet
→ Calculatrice
→ Carnet et crayon

1. Si tu devais partir en voyage, avec qui partirais-tu ? Et dans quelle voiture ? Choisis le véhicule qui peut accueillir le nombre de personnes qui t'accompagneront (fig. 1). Rends-toi sur le site http://carlabelling.ademe.fr et note le constructeur, le modèle, l'année, la consommation et le type de carburant du véhicule choisi. Pourquoi as-tu choisi celui-ci plutôt qu'un autre ?

2. Choisis ta destination (fig. 2). Utilise une carte sur papier ou en ligne pour connaître le nombre de kilomètres que tu devras parcourir en voiture pour y arriver. Prépare l'itinéraire de ton voyage et note la distance totale (fig. 3).

3. Dresse la liste des points d'intérêts et des villes où tu aimerais t'arrêter sur le trajet (fig. 4).

Fig. 1 : Choisis le véhicule qui peut accueillir le nombre de personnes qui t'accompagneront.

Fig. 3 : Prépare l'itinéraire de ton voyage.

Fig. 4 : Dresse la liste des villes où tu aimerais t'arrêter.

4. Combien de litres d'essence devras-tu utiliser ? Pour le savoir, divise la distance totale à parcourir par 100, puis multiplie le résultat par la consommation de ta voiture.

5. Combien coûte l'essence à côté de chez toi ? Multiplie le nombre de litres dont tu as besoin par le prix du carburant pour estimer le coût de ton voyage.

6. Ton voyage a aussi un coût environnemental. Pour connaître la quantité de dioxyde de carbone émise par ta voiture, multiplie le nombre de kilomètres par l'émission de CO_2 au litre. Compte 2,35 kg de CO_2 par litre pour une voiture à essence et 2,69 kg de CO_2 par litre pour une voiture diesel.

L'EXPLICATION

Nous avons besoin d'énergie pour nous déplacer. Dans nos pays, les transports de biens et de personnes représentent une grosse partie de notre consommation d'énergie. L'essence et le diesel sont issus du pétrole, une énergie fossile brûlée dans une chambre de combustion au sein des moteurs des véhicules. Cette combustion émet du dioxyde de carbone, entre autres polluants. Le transport des personnes en voiture représente environ un tiers des émissions de gaz à effet de serre chaque année ! Nous n'y pensons pas toujours, mais chaque litre d'essence brûlé s'accumule et contribue à polluer la planète. Comment pourrais-tu rendre ton prochain voyage moins polluant et réduire ton empreinte carbone ? Adopter des comportements responsables, par exemple en faisant du covoiturage ou en prenant les transports en commun ou le vélo, permet d'économiser les ressources, de limiter les émissions de CO_2 et donc de protéger la planète.

GLOSSAIRE

Atome : plus petite particule qui constitue la matière. Tout est fait d'atomes.

Circuit : chemin que suit l'électricité.

Composé : substance contenant plusieurs atomes reliés entre eux par une liaison chimique.

Compost : mélange de matière organique en décomposition servant à fertiliser la terre.

Conducteur : matière qui laisse passer la chaleur ou l'électricité.

Économie énergétique : réduction des quantités d'énergie utilisées grâce à des changements de comportement.

Écosystème : communauté d'organismes qui interagissent avec leur environnement.

Efficacité énergétique : réduction des quantités d'énergie utilisées grâce à des technologies permettant d'effectuer le même travail à moindres frais.

Électricité : déplacement des électrons dans un circuit.

Électrons : parties d'atomes chargées négativement et qui créent de l'électricité.

Endothermique : réaction qui libère de la chaleur en générant plus d'énergie que nécessaire pour casser les liaisons chimiques.

Énergie chimique : énergie stockée dans les liaisons chimiques entre les atomes et les molécules. L'énergie chimique se trouve dans les aliments et les carburants que nous consommons tous les jours.

Énergie cinétique : énergie en mouvement.

Énergie potentielle : énergie conservée en fonction de la position d'un objet.

Énergie rayonnante : énergie se déplaçant par vagues ou en rayons, comme la lumière, les rayons ultraviolets, les rayons X, les ondes radio et les micro-ondes.

Énergie thermique : énergie créée par la friction de particules ou de matières les unes contre les autres.

Exothermique : réaction qui absorbe de la chaleur de l'environnement afin de récupérer de l'énergie pour casser les liaisons chimiques.

Filament : fil métallique au centre d'une ampoule qui conduit l'électricité et dont la température de fusion est très élevée. Un filament brille lorsqu'il est traversé par un courant électrique.

Fission nucléaire : processus où les neutrons d'un atome sont fissurés pour libérer de l'énergie et produire de l'électricité dans une centrale nucléaire.

Force centripète : force qui s'exerce sur un objet et lui donne une trajectoire incurvée autour d'un point central.

Fournisseur : entreprise chargée de produire de l'électricité ou du gaz naturel et de l'apporter jusque chez les consommateurs.

Friction : force qui freine ou repousse un objet en mouvement.

Gravité : force qui attire un objet vers un autre. Sur Terre, nous sommes attirés vers le sol où se trouve le centre de gravité.

Inertie : propriété faisant que la matière résiste à un changement de mouvement à moins qu'une force extérieure agisse dessus.

Isolant : matière qui ne permet pas à la chaleur ou à l'électricité de le traverser.

Masse : mesure de la quantité de matière d'un objet, évaluée grâce à une balance.

Minerai : roche contenant des ressources précieuses.

Molécule : groupe d'atomes liés par le partage ou l'échange d'électrons.

Non renouvelable : source d'énergie qui ne peut se remplir seule.

Pétrole : carburant fossile qui s'est créé à partir des restes d'organismes végétaux et animaux.

Radiation : mouvement de l'énergie par vagues.

Rapporteur : outil utilisé pour calculer les angles.

Réaction chimique : lorsque deux substances se mélangent pour en former une nouvelle, leurs liaisons chimiques sont cassées et de nouvelles liaisons se créent.

Reflet : image provenant de la réflexion d'une onde d'énergie qui n'est pas absorbée, comme de la lumière, du son ou de la chaleur.

Réfraction : déviation d'une onde d'énergie.

Réhabilitation : processus consistant à rendre un terrain dans son état initial ou en meilleur état.

Renouvelable : source d'énergie pouvant être remplie rapidement.

Semi-conducteur : matériau employé dans les appareils électroniques pour contrôler la quantité d'énergie utilisée et la chaleur produite.

Transparent : propriété d'un élément qui laisse passer la lumière.

Vibration : mouvement d'aller et retour d'un corps lorsqu'il est perturbé.

Viscosité : propriété d'un liquide définissant sa résistance au changement de mouvement.

CHEZ LE MÊME ÉDITEUR

LE LABO DU PETIT SCIENTIFIQUE

L. L. Heinecke

ISBN : 978-2-7114-2392-7

LA SCIENCE QUI SE MANGE

A. Schloss

ISBN : 978-2-7114-2460-3

INDEX

REMERCIEMENTS

MERCI aux membres du comité consultatif du projet NEED d'hier et d'aujourd'hui pour avoir testé et approuvé les activités éducatives sur l'énergie contenues dans ce livre et pour les avoir rendues encore plus amusantes.

Ce livre n'aurait jamais vu le jour sans le soutien de l'équipe NEED, qui œuvre au siège de l'organisation ou sur le terrain. Merci de faciliter l'accès aux informations sur l'énergie et de rendre leur apprentissage passionnant pour tous.

Judith Cressy et Meredith Quinn, merci à vous pour votre patience et vos encouragements pendant la rédaction et la révision de ce livre.

Liz Heinecke et Amber Procaccini, merci d'avoir immortalisé les moments amusants et parfois chaotiques de ces expériences.

Merci à tous les enfants qui ont accepté de se salir les mains et qui ont fait le plein d'énergie avec ces expériences !

À PROPOS DE L'AUTEUR

EMILY HAWBAKER est pleine d'énergie et s'est toujours passionnée pour la science et l'éducation. Après avoir obtenu son diplôme en science de la Terre et en éducation auprès de l'Université de Pennsylvanie, Emily a commencé à enseigner la science dans un collège du Delaware County, en Pennsylvanie, non loin de Philadelphie. Son école a été choisie pour participer à un projet sur l'énergie, où les enfants ont étudié leur consommation énergétique et ont partagé leurs découvertes avec d'autres élèves avec l'aide du National Energy Education Development (NEED). Emily a vu ses élèves s'illuminer grâce à ce programme, ce qui a stimulé sa propre passion pour l'énergie.

Après plusieurs années, Emily a quitté les salles de classe pour rejoindre NEED à temps plein en tant que directrice des programmes. Elle prépare les activités, crée de nouveaux supports et partage sa passion pour l'énergie en tant que formatrice et organisatrice d'événements dans le monde entier. Emily retourne même parfois dans son ancienne école ! Elle adore voir les élèves et les professeurs s'émerveiller lorsqu'ils comprennent le fonctionnement de l'énergie, c'est ce qui la motive au quotidien.

Quand Emily n'est pas absorbée dans ses lectures, l'écriture ou ses ateliers, elle profite de la ville de Philadelphie, court, fait du bateau, voyage et tourmente ses chats à l'aide d'un pointeur laser.

À PROPOS

LE PROJET NEED (National Energy Education Development) a été créé en 1980 aux États-Unis sous forme d'organisation à but non lucratif, dont l'objectif est de sensibiliser la société à l'énergie. Le NEED met en place des réseaux d'étudiants, d'éducateurs, d'entreprises, de dirigeants et de communautés pour apporter des informations objectives et exhaustives sur l'énergie. Le programme et la formation du NEED proposent aux professeurs et aux élèves d'en savoir plus sur l'énergie qui nous entoure. L'énergie est fondamentale dans notre vie de tous les jours, c'est pourquoi il est essentiel de mieux la comprendre et de connaître son impact sur les personnes et sur le monde. Les activités du NEED s'articulent autour d'ateliers où les enfants s'entraident et apprennent entre eux, où les élèves expérimentent, explorent, recherchent et partagent leurs connaissances avec leurs familles, leurs proches et leur communauté. Le NEED vise à inciter les élèves à devenir les maîtres de l'énergie, aujourd'hui et demain.

NEED
National Energy
Education Development

DU PROJET NEED

Georgia John Mikaylah Maria Barrett Ayla Adem

Scarlett Cela Wyatt Grace Charlie Wyatt Gray

AJ Frankie Cady Kyra Sarah Carissa Nico

Max Alessa Mia Leo Sarah Elena Svea

Paavo Simon Isaac Anja Gwen Raya Emily

Lily Tessa Lili Annie Nora Ella Jaden

May Bridgett Nick Ava Ellie Carlo Harper